Nils Arnold

Potentiale eines füllungsbasierten Einspritzmanagements beim PKW-Dieselmotor

Potentiale eines füllungsbasierten Einspritzmanagements beim PKW-Dieselmotor

Nils Arnold

Schriftenreihe des Instituts
für Verbrennungsmotoren und Kraftfahrwesen
der Universität Stuttgart

Lehrstuhl Verbrennungsmotoren
Herausgegeben von Prof. Dr.-Ing. Michael Bargende

Band 67

Bibliografische Information Der Deutschen Bibliothek

Die Deutsche Bibliothek verzeichnet diese Publikation
in der Deutschen Nationalbibliografie;
detaillierte bibliografische Daten sind im Internet über
http://www.dnb.de abrufbar.

Bibliographic Information published by Die Deutsche Bibliothek

Die Deutsche Bibliothek lists this publication
in the Deutsche Nationalbibliografie;
detailed bibliographic data are available on the internet at
http://www.dnb.de

D 93

ISBN 978-3-8169-3210-9

Vorwort

Die vorliegende Arbeit entstand während meiner Tätigkeit als wissenschaftlicher Mitarbeiter am Institut für Verbrennungsmotoren und Kraftfahrwesen (IVK) der Universität Stuttgart in Kooperation mit der Audi AG in Neckarsulm.

Mein besonderer Dank gilt Herrn Prof. Dr.-Ing. Michael Bargende für die wissenschaftliche Betreuung dieser Arbeit und die Übernahme des Hauptreferates. Herrn Prof. Dr.-Ing. Ulrich Spicher danke ich für sein Interesse an meiner Arbeit und die Übernahme des Koreferates.

Weiterhin möchte ich dem Leiter der Vorentwicklung Dieselmotoren und Brennstoffzelle bei der Audi AG, Herrn Dipl.-Ing. Immanuel Kutschera, für seine Unterstützung und das entgegengebrachte Vertrauen danken. Die große Freiheit in der Gestaltung des Projektes und die umfassende Hilfsbereitschaft der Mitarbeiter in der Vorentwicklung Dieselmotoren haben wesentlich zum Gelingen dieser Arbeit beigetragen. Insbesondere den Mitarbeitern des Teams Brennverfahren und Aufladung sei hierfür mein Dank ausgesprochen. Mein Dank gilt auch allen anderen Mitarbeitern der Technischen Entwicklung bei Audi und allen Mitarbeitern am IVK, die mich bei der Durchführung des Projekts unterstützt haben.

Ebenfalls zu großem Dank verpflichtet bin ich Herrn Dipl.-Ing. Hermann Henning, der als geistiger Vater des Projektes auch während der dreijährigen Projektzeit stets ein engagierter und kompetenter Diskussionspartner war.

Besonders herzlich möchte ich mich bei meiner Familie bedanken. Meinen Eltern danke ich für die bedingungslose Unterstützung in jeglicher Hinsicht. Meiner Freundin Selina Birk danke ich für ihr Durchhaltevermögen, ihre Geduld und ihre Liebe.

Nils Arnold

Kurzfassung

Im konventionellen Motormanagement für PKW-Dieselmotoren werden die Einspritzparameter größtenteils in stationär applizierten Kennfeldern in Abhängigkeit von Drehzahl und Last abgelegt. Anpassungen an den dynamischen Motorbetrieb und variierende Umgebungsbedingungen erfolgen u. a. durch nachgeschaltete empirische Korrekturfunktionen in Abhängigkeit verfügbarer Größen wie Umgebungsdruck, Ansauglufttemperatur, Motortemperatur, Gang, etc.

Bedingt durch das Prinzip der Abgasturboaufladung in Verbindung mit externer Abgasrückführung treten in Zylinderfüllung und Gaszusammensetzung stets dynamische Schwankungen und Regelabweichungen auf, die sich trotz unbestrittener Fortschritte im Bereich der Gassystemregelung in den letzten Jahren nicht vollständig vermeiden lassen. Auch extreme Umgebungsbedingungen wie Höhe, Hitze oder Kälte führen zu Abweichungen in Quantität und Qualität der Zylinderladung vom applizierten Sollzustand.

Im Gegensatz zum trägheitsbehafteten Luftpfad können die Parameter der Einspritzung arbeitstakt-synchron gesteuert werden. Dadurch ergibt sich die Möglichkeit, die Einspritzparameter an den jeweiligen Füllungszustand im Zylinder anzupassen, um die erwähnten Regelabweichungen mit entsprechenden Nachteilen in Wirkungsgrad, Emissionen und Geräuschverhalten zu kompensieren.

In der vorliegenden Arbeit wird ein modellbasiertes Einspritzmanagement vorgestellt, das die Parameter eines aktuellen Common Rail Einspritzsystems in Abhängigkeit der Gasmasse und der Sauerstoffkonzentration im Zylinder festlegt.

Durch die zylinderbezogenen Führungsgrößen können nachgeschaltete Korrekturfunktionen wie die umgebungsdruckabhängige Höhenkorrektur oder Anpassungen an den Instationärbetrieb entfallen. Weiterhin ist eine zylinderbezogene Einspritzapplikation unabhängig von Aufladegruppe, Luftführung und AGR-Applikation, was u. a. eine Derivatisierung entscheidend vereinfacht.

Für die Umsetzung im Demonstrator-Fahrzeug wurde eine echtzeitfähige Füllungserfassung erarbeitet, die die benötigten Führungsgrößen für das Einspritzmanagement bereitstellt. Weiterhin wurde auf Basis von umfangreichen experimentellen Untersuchungen am Motorprüfstand mit Methoden der statistischen Versuchsplanung (DoE) eine Funktionsstruktur für die Steuerung der Einspritzung entwickelt, appliziert und im Fahrzeug umgesetzt.

Der Funktionsnachweis in NEFZ und FTP72 bestätigt die erwarteten Vorteile eines füllungsbasierten Einspritzmanagements im Hinblick auf Wirkungsgrad, Emissionen und Geräuschverhalten im Vergleich zur konventionellen Steuerung. Darüber hinaus demonstriert die physikalisch orientierte Funktionsstruktur in Kombination mit modellbasierter Applikation die Vorzüge hinsichtlich Applikationsaufwand und Derivatisierung. Trotz Erweiterung der Freiheitsgrade in der Motorsteuerung wird Potential zur Verschlankung des Applikationsprozesses durch Reduzierung von Iterationsschleifen zwischen Motorprüfstand und Fahrzeug aufgezeigt. Ein wesentlicher innovativer Beitrag in diesem Zusammenhang ist die Applikation des dynamischen Motorbetriebs auf Basis stationärer Messungen.

Summary

In conventional Diesel Engine management, injection parameters are mainly stored in steady-state look-up-tables, depending on speed and load. To adapt engine behavior to varying environmental or transient operating conditions, the steady state parameters are corrected by empirical functions based on available data, e. g. ambient pressure, air temperature, engine temperature, gear, etc.

Due to exhaust gas turbocharging combined with external exhaust gas recirculation (EGR), cylinder charge conditions may not always match the desired values. Especially under transient operating conditions, but also induced by environmental influences like ambient pressure or temperature, control deviations in boost pressure and air mass lead to cylinder charge conditions that are different from those of steady state calibration at the test bench.

In contrast to the delayed air path, the injection parameters of a Common Rail Injection System can be set exactly for every operating cycle. According to that, adjusting the injection parameters to the current cylinder state may offer an additional degree of freedom for optimizing engine emissions, fuel consumption and noise.

In this work a model based injection management is proposed which determines the injection parameters in dependence on gas mass and oxygen concentration in the cylinder.

Due to the cylinder related reference variables corrective functions e. g. for high altitude or for transient engine operation can be omitted. Furthermore, cylinder related reference variables make injection calibration independent on the supercharging system, physical air path and EGR-calibration. Therefore, among other tasks the calibration of derivatives is significantly simplified.

For the implementation of the novel injection control in a demonstrator vehicle a real time cylinder charge determination has been developed, which provides the necessary reference variables. Based on extensive experimental investigations using design of experiments (DoE), a function structure for the cylinder charge based injection control has been developed, calibrated and implemented in the demonstrator vehicle.

To prove functionality, the demonstrator vehicle was measured in NEDC and FTP72 driving cycles. The expected advantages of the cylinder charge based injection control in comparison to the conventional injection control concerning fuel consumption, emissions and noise could be confirmed. Moreover, the physically oriented function structure combined with model based calibration demonstrates the benefits in calibration effort and derivatisation. Despite increasing degrees of freedom in engine control, additional potential for an increase in calibration efficiency by reducing the number of iteration loops can be shown. As important innovative contribution of the cylinder charge based injection control it has to be emphasized, that the transient engine operation can be calibrated based on steady state measurements.

Inhaltsverzeichnis

Nomenklatur

Lateinische Symbole

$\hat{a}$	-	geschätzter Modellkoeffizient
A_e	m^2	effektive Querschnittsfläche
AGR	-	AGR-Rate
A_K	m^2	Kolbenfläche
A_{yz}	m^2	Querschnittsfläche LLK
c_u/c_m	-	Verhältnis Umfangsgeschwindigkeit zu mittlerer Kolbengeschwindigkeit (Drall)
e	-	Residuum
h	m	Hub
H_u	J/kgK	unterer Heizwert
IGR_Z	-	zylinderbezogene Inertgasrate: Massenanteil Inertgas im Zylinder
k	-	Geschwindigkeitskoeffizient chemische Reaktion
k	-	Taktzahl (0.5 für Viertaktmotoren; 1 für Zweitaktmotoren)
k_L	-	Verhältnis von unverbrannter Luft zu Inertgas im Abgas
L	m	Länge LLK
L_{st}	-	stöchiometrisches Luftverhältnis
M	$kg/kmol$	molare Masse
$\dot{m}$	kg/s	Massenstrom
m_{AGR}	kg	extern zurückgeführte Abgasmasse im Zylinder (externe Restgasmasse)
m_B	kg	Kraftstoffmasse
$\dot{m}_{Eng\ in}$	kg/s	Motor-Eintrittsmassenstrom
m_{FL}	kg	Frischluftmasse im Zylinder
$\widetilde{m}_{IG\ RG}$	kg	Inertgasmasse im Gesamt-Restgas
m_{IGZ}	kg	Inertgasmasse im Zylinder
$\dot{m}_{in}$	kg/s	Eintrittsmassenstrom
m_{LLK}	kg	gespeicherte Gasmasse im LLK
m_{Lst}	kg	stöchiometrische Luftmasse
$\widetilde{m}_{Lu\ RG}$	kg	Masse unverbrannter Luft im Gesamt-Restgas
m_{LuZ}	kg	Masse unverbrannter Luft im Zylinder
$\dot{m}_{out}$	kg/s	Austrittsmassenstrom
m_{RG}	kg	interne Restgasmasse im Zylinder

$\widetilde{m}_{RG}$	kg	Summe aus interner und externer Restgasmasse
m_V	kg	im Modell-Volumen gespeicherte Gasmasse
m_Z	kg	Zylindermasse
$m_{Z\,in}$	kg	in den Zylinder eingeströmte Frischgasmasse
$m_{Z\,th}$	kg	theoretische Zylindermasse bei Füllung des geometrischen Hubvolumens mit Gas vom Bezugszustand Saugrohr
n	-	Polytropenexponent
n	-	Anzahl der Beobachtungen
n_{Eng}	$1/min$	Motordrehzahl
p	-	Anzahl Modellkoeffizienten
p	Pa	Druck
p_{20}	Pa	Druck vor LLK
p_{21}	Pa	Druck nach LLK
p_{22}	Pa	Saugrohrdruck
p_3	Pa	Abgasdruck vor Turbine
P_e	W	effektive Leistung
P_i	W	indizierte Leistung
P_{iHD}	W	indizierte Leistung des Hochdruckprozesses
P_{iLW}	W	indizierte Leistung des Ladungswechselprozesses
p_{LLK}	Pa	Druck im LLK
pmi_{HD}	bar	indizierter Mitteldruck des Hochdruckprozesses
P_r	W	Reibleistung/mechanische Leistung
$PRESS$	-	Predicted Error Sum of Squares
p_V	Pa	Druck im Modell-Volumen
p_Z	Pa	Zylinderdruck
R	J/kgK	spezifische Gaskonstante
R^2	-	Regressionskoeffizient/Bestimmtheitsmaß
R^2_{adj}	-	adjustiertes Bestimmtheitsmaß
R^2_{pred}	-	Vorhersagekoeffizient
$RMSE$	-	Root Mean Squared Error
SSE	-	Sum of Squares Error
SSR	-	Sum of Squares Regression
SST	-	Sum of Squares Total
T	K	Temperatur
T_{20}	K	Gastemperatur vor LLK
T_{21}	K	Gastemperatur nach LLK
T_{22}	K	Gastemperatur im Saugrohr
T_3	K	Abgastemperatur vor Turbine

T_{AGR}	K	Temperatur des extern zurückgeführten Abgases (nach AGR-Kühler)
T_{ES}	K	Gastemperatur im Zylinder bei ES
T_{FL}	K	Frischlufttemperatur
T_{LLK}	K	Temperatur im LLK
T_{mix}	K	adiabate Mischungstemperatur
T_V	K	Temperatur im Modell-Volumen
T_{WZ}	K	Zylinderwandtemperatur
T_Z	K	Gastemperatur im Zylinder
V_{20}	m^3	Modell-Volumen vor LLK
V_{21}	m^3	Modell-Volumen nach LLK
V_{22}	m^3	Modell-Volumen Saugrohr
V_c	m^3	Kompressionsvolumen (Zylindervolumen im OT)
V_h	m^3	Zylinder-Hubvolumen
V_{LLK}	m^3	Volumen Ladeluftkühler
$VSwVlv\_rAct$	%	Stellposition Drallklappe
V_Z	m^3	Zylindervolumen
w	-	Massenbruch
w_{LuZ}		Luftgehalt im Zylinder (Massenanteil)
w_{RG}	-	Restgasgehalt im Zylinder (Massenanteil)
x	-	Regressor
x	-	volumetrische Konzentration
x_{O_2Z}	-	volumetrische Sauerstoffkonzentration im Zylinder
x_{O_2FL}	-	volumetrische Sauerstoffkonzentration von Luft
x_{O_2SR}	-	volumetrische Sauerstoffkonzentration im Saugrohr
x_{O_2V}	-	volumetrische Sauerstoffkonzentration im Modell-Volumen
y	-	Messwert/Beobachtung
$\hat{y}$	-	Modellwert
$\bar{y}$	-	arithmetischer Mittelwert der Beobachtungen
z	-	Zylinderanzahl

Griechische Symbole

η_e	-	effektiver Wirkungsgrad
η_i	-	indizierter Wirkungsgrad
η_{iHD}	-	indizierter Wirkungsgrad des Hochdruckprozesses
η_{iLW}	-	indizierter Wirkungsgrad des Ladungswechselprozesses
η_m	-	mechanischer Wirkungsgrad
η_V	-	volumetrischer Wirkungsgrad (Luftaufwand)
κ	-	Isentropenexponent
λ	-	Luftverhältnis nach DIN 1940
λ_a	-	Luftaufwand nach DIN 1940
λ_{Abg}	-	Abgas-Luftverhältnis
λ_e	-	effektives Luftverhältnis
λ_{el}	-	Liefergrad nach DIN 1940
λ_s	-	Schubstangenverhältnis (Quotient aus Kurbelradius und Pleuellänge)
λ_V	-	Verbrennungsluftverhältnis nach DIN 1940
λ_Z	-	Zylinder-Luftverhältnis
φ	°KW	Kurbelwinkel
ψ	-	Durchflussfunktion

Indizes

20	vor Ladeluftkühler
21	nach Ladeluftkühler
22	Saugrohr
3	Abgas (vor Turbine)
adap	adaptiert
AGR	Abgasrückführung (extern)
B	Brennstoff
BAS	Basis
COR	korrigiert
e	effektiv
FL	Frischluft
i	indiziert
iHD	indiziert Hochdruck
iLW	indiziert Ladungswechsel
in	Eintritt
m	mechanisch

out	Austritt
r	Reibung
RG	Restgas (intern)
SR	Saugrohr
V	Modell-Volumen
VSw	Variable Swirl
Z	Zylinder

Abkürzungen

AÖ		Auslass Öffnet
APR		Arbeitsprozessrechnung
ASP		Arbeitsspiel
BP		Betriebspunkt
bzw.		beziehungsweise
CO	g/kWh	spezifische Kohlenmonoxidemission (bezogen auf die indizierte Leistung des Hochdruckprozesses)
DOC		Diesel Oxidation Catalyst
DWK		Druckwellen-Korrektur
ES		Einlass Schluss
fac		Faktor
grd		Gradient
HC	g/kWh	spezifische Kohlenwasserstoffemission (bezogen auf die indizierte Leistung des Hochdruckprozesses)
HD-AGR		Hochdruck-Abgasrückführung
HFM		Heißfilmmassenmesser
IMA		Injektor Mengenabgleich
Kap.		Kapitel
MI		Main Injection
MMA		Massen-Mittelwerts-Adaption
MSG		Motorsteuergerät
ND-AGR		Niederdruck-Abgasrückführung
NEFZ		Neuer Europäischer Fahrzyklus
NMK		Nullmengen-Kalibrierung
NOx	g/kWh	spezifische Stickoxidemission (bezogen auf die indizierte Leistung des Hochdruckprozesses)
NSC		NOx Storage Catalyst
NVH		Noise Vibration Harshness
OBD		On-Board-Diagnose

ofs		Offset
OT		Oberer Totpunkt
PAK		Polyzyklische Aromatische Kohlenwasserstoffe
phiMI	°KWvOT	Ansteuerwinkel Haupteinspritzung
Pil		Pilot Injection
PM	g/kWh	spezifische Partikelemission (bezogen auf die indizierte Leistung des Hochdruckprozesses)
pRail	bar	Raildruck
qPil1	mg/ASP	Einspritzmenge der ersten Voreinspritzung
qPil2	mg/ASP	Einspritzmenge der zweiten Voreinspritzung
resp.		respektive
RP		Rapid Prototyping
SCR		Selective Catalytic Reduction
TGA		Thermodynamische Gesamtanalyse
tiPil1	µs	Abstand der ersten Voreinspritzung zur Haupteinspritzung
tiPil2	µs	Abstand der zweiten zur ersten Voreinspritzung
u. a.		unter anderem
U50	°KWvOT	Schwerpunktlage der Verbrennung
UT		Unterer Totpunkt
vgl.		vergleiche

1 Einleitung und Aufgabenstellung

Der aufgeladene Dieselmotor mit Direkteinspritzung bietet unter den aktuell verfügbaren Fahrzeugantrieben das größte Potential hinsichtlich Wirtschaftlichkeit und Umweltverträglichkeit. Zukünftige Emissionsvorschriften sowie Ansprüche an Komfort und Leistungsentfaltung unter Beibehaltung der Wirkungsgradvorteile stellen dabei die Herausforderungen an zukünftige Entwicklungen dar. Alternative Brennverfahren zeigen Potentiale auf, bestehende Zielkonflikte zu entschärfen oder gar aufzubrechen. Allerdings weisen solche Brennverfahren, wie beispielsweise die (teil-)homogene Verbrennung, eine extreme Sensibilität gegenüber der Gaszusammensetzung auf. Die im dynamischen Motor-Betrieb auftretenden quantitativen und qualitativen Abweichungen der Zylinderfüllung vom stationär ermittelten Soll-Zustand stehen bislang einem Serien-Einsatz ebenso entgegen wie die steuerungstechnisch extrem anspruchsvolle Umschaltung zwischen konventionellem und alternativem Brennverfahren.

Ein logischer Lösungsansatz für die beschriebene Problematik ist die Reduzierung der Trägheiten des Luftsystems. Neue Steuerungs- und Regelsysteme sind daher – insbesondere auch im Hinblick auf die Anforderungen moderner Aufladesysteme – vielfach Gegenstand der aktuellen Forschung und Entwicklung.

Die vorliegende Arbeit verfolgt einen anderen, von der Entwicklung der Luftsystemregelung prinzipiell unabhängigen Ansatz. Statt in den trägheitsbehafteten Luftpfad soll zur Darstellung des gewünschten Verbrennungsablaufs in den im Vergleich weitaus schnelleren Kraftstoffpfad eingegriffen werden.

Die Aufgabenstellung orientiert sich dabei an der Realisierung und Weiterentwicklung der in [60] beschriebenen Steuerung der Einspritzparameter in Abhängigkeit von Quantität und Qualität der im Zylinder enthaltenen Gase.

Eine funktionale Abhängigkeit des Einspritzpfades vom Luftpfad existiert im Serieneinsatz bisher bereits ansatzweise in Form der über das Luftverhältnis definierten Volllast-Rauchgrenze, die von einer Breitband-Lambdasonde in der Abgasanlage überwacht wird [66]. Bei Unterschreiten eines minimalen Luftverhältnisses wird die Einspritzmenge begrenzt. Auf diese Weise kann die durch verzögerten Ladedruckaufbau reduzierte Füllung berücksichtigt werden.

Weitere Korrekturfunktionen stützen sich u. a. auf Ansauglufttemperatur, Kühlmittel- und Kraftstofftemperatur oder Umgebungsdruck [66]. All diesen Funktionen gemein ist der Bezug auf Größen außerhalb des Brennraums, die somit nur einen indirekten Einfluss auf Emissionsbildung, Wirkungsgrad und Brennverlauf haben. Die Kalibrierung einer solchen Funktion ist daher immer an das Übertragungsverhalten der Strecke zwischen jeweiliger Bezugsgröße und Brennraum gekoppelt. Eine Änderung des Übertragungsverhaltens erfordert folglich auch eine Anpassung der Applikation. Dies kann sehr anschaulich am Beispiel der für aufgeladene Dieselmotoren obligatorischen Höhenkorrektur gezeigt werden, vgl. [64][66]:

Der mit zunehmender Höhe abnehmende atmosphärische Luftdruck führt bei konstanter Ladedruckanforderung zu einer Verschiebung des Arbeitspunktes im Verdichterkennfeld hin zu höheren Druckverhältnissen, die mit einer Steigerung der Drehzahl einhergehen. Die Massenträgheit des Laufzeugs sowie die zu beachtende Maximaldrehzahl des Turboladers führen zu einem mit zunehmender Höhe allgemein sinkenden Ladedruckniveau mit entsprechend reduzierter Zylinderfüllung. Insbesondere die Einhaltung der Volllast-Rauchgrenze (minimal zulässiges Luftverhältnis), aber auch die Begrenzung des Verbrennungsgeräusches erfordern eine Begrenzung der Einspritzmenge bzw. eine Anpassung der Einspritzstrategie (Lage und Mengenverteilung der Voreinspritzungen, Raildruck, Verbrennungslage). Im MSG erfolgt diese Anpassung in der Regel durch eine umgebungsdruckabhängige Korrektur der Einspritzparameter. Die entsprechende Funktionsstruktur ist einfach und bewährt. Die Applikation, d. h. die Kalibrierung der Parameter dieser Funktion, gilt jedoch nur, solange sich das Übertragungsverhalten zwischen Luftansaugung und Brennraum nicht signifikant ändert. Dies kann jedoch beispielsweise im Rahmen einer Derivatisierung geschehen, die die Verwendung eines anderen Turboladers, anderer Ladeluftkühler etc. erfordert.

Der Ansatz der vorliegenden Arbeit sieht eine Orientierung des Einspritzmanagements am Zustand im Brennraum vor. Werden die Parameter der Einspritzung in Abhängigkeit des Zustands im Zylinder festgelegt, wird die oben beschriebene Höhenkorrektur nicht mehr benötigt. Auch applikative Änderungen im Luftsystem, wie die Anpassung der AGR-Rate oder des Ladedrucks, bedürfen keiner „Nachapplikation" der Einspritzparameter. Gleiches gilt für jegliche Änderungen des Fahrzeugs, Getriebes etc.

2 Stand der Technik

2.1 Dieselmotorische Entwicklungsschwerpunkte

Neben Bestrebungen zur Kostenreduzierung liegen beim Dieselmotor die Entwicklungsschwerpunkte allgemein auf der Reduzierung der Schadstoffemissionen, der Steigerung des Wirkungsgrades sowie der Optimierung der NVH-Eigenschaften. Dabei stehen die genannten Ziele teilweise miteinander im Widerspruch.

2.1.1 Schadstoffemissionen

Im realen dieselmotorischen Abgas finden sich neben den Oxidationsprodukten Kohlendioxid und Wasser auch Stickoxide, unverbrannte Kohlenwasserstoffe, Kohlenmonoxid und Ruß [51].

Stickoxide (NO_x)

Der im motorischen Betrieb dominierende Bildungsmechanismus wurde erstmals 1946 von Zeldovich formuliert [90], wonach die Stickoxidbildung durch folgende Hauptgleichungen beschrieben werden kann:

$$N_2 + O \rightarrow NO + N \qquad (2.1)$$

$$O_2 + N \rightarrow NO + O \qquad (2.2)$$

$$OH + N \rightarrow NO + H \qquad (2.3)$$

Die ebenfalls gebräuchliche Bezeichnung „thermisches NO“ ist durch die benötigte hohe Aktivierungsenergie für den Aufbruch der Stickstoff-Dreifachbindung in Gl. (2.1) begründet. Die Stickoxid-Bildung läuft um Größenordnungen langsamer ab als die Reaktionen der Hauptverbrennung und ist somit kinetisch kontrolliert. Aus dem Zeitgesetz der Elementarreaktionen (2.1) - (2.3) lässt sich die Bildungsgeschwindigkeit für thermisches NO wie folgt ableiten [84]:

$$\frac{d[NO]}{dt} = 2k_1\,[O][N_2] \tag{2.4}$$

Der Faktor k_1 steht für den Geschwindigkeitskoeffizienten der Elementarreaktion (2.1), der über einen Arrhenius-Ansatz beschrieben werden kann:

$$k_1 = 1.8 \cdot 10^{14} \cdot e^{\frac{318 kJ/mol}{RT}} \frac{cm^3}{mol \cdot s} \tag{2.5}$$

Eine Minimierung der Stickoxid-Bildung lässt sich folglich entweder durch eine Reduzierung der Temperatur oder durch eine Reduzierung der Konzentration von Sauerstoff oder Stickstoff erreichen, wobei eine Reduzierung des Stickstoffangebots bei Verbrennung mit Luft nicht möglich ist.

Innermotorische Maßnahmen zur Reduzierung der Stickoxid-Emissionen zielen folgerichtig auf die Reduzierung des Sauerstoffangebotes und/oder die Absenkung der Spitzentemperaturen während der Verbrennung. Zu nennen sind hier im Wesentlichen die (gekühlte) Abgasrückführung sowie die Verlagerung der Verbrennung in die Expansion. Beide Strategien führen ab einer gewissen Schwelle zu einem starken Anstieg der CO- und Partikel-Emissionen.

Kohlenmonoxid (CO)

CO entsteht als Zwischenprodukt bei der Verbrennung kohlenwasserstoffbasierter Kraftstoffe. Die weitere Oxidation zu CO_2 kann entweder durch Sauerstoffmangel oder aber durch zu niedrige Temperaturen behindert werden, da die CO-Oxidation generell stark temperaturabhängig ist [49].

Bei konventionellen inhomogenen Dieselbrennverfahren tritt lokaler Sauerstoffmangel und somit die Bildung von Kohlenmonoxid auch im global überstöchiometrischen Betrieb auf. Voraussetzung für die vollständige Oxidation des Kraftstoffs ist daher eine gute Durchmischung der teilverbrannten Gase mit Frischluft sowie ein ausreichend hohes Temperaturniveau.

Mittels Oxidationskatalysatoren kann im Abgas enthaltenes Kohlenmonoxid nachoxidiert werden. Auch die katalytische Reaktion setzt jedoch ein ausreichend hohes Temperaturniveau voraus. Durch stetig steigende Wirkungsgrade moderner Dieselmotoren und die damit einhergehende Reduzierung der Abgasenthalpie zeichnet sich mittlerweile ein Zielkonflikt zwischen Minimierung des Kraftstoffverbrauchs und schnellem Aufheizen der Abgasanlage ab, sodass die innermotorische Optimierung der CO-Oxidation zunehmend an Bedeutung gewinnt. Dies gilt insbesondere für Kaltstart und Warmlauf sowie für sehr niedrige Lastbereiche, in denen temperaturbedingt hohe CO-Rohemissionen auftreten können.

Rußpartikel

Dieselmotorische Rußemissionen sind das Resultat aus Bildungs- und Oxidationsvorgängen. Für die komplexen physikalisch-chemischen Grundlagen wird auf die umfangreiche Literatur verwiesen, z. B. [51][76][84].

Grundsätzlich sind sowohl Rußbildung als auch -oxidation abhängig von lokalem Sauerstoffangebot und Temperatur. Für lokale Luftverhältnisse < 0.6 und Temperaturen 1500 < T <1900 K tritt nach [49] vermehrt Rußbildung auf, welche sich nach [76] in vier wesentliche Prozesse unterteilen lässt:

- Bildung polyzyklischer, aromatischer Kohlenwasserstoffe (PAK)
- Planares Wachstum der PAK
- Rußkeimbildung durch Formung von dreidimensionalen Clustern aus den PAK
- Wachstum der Rußkeime durch Oberflächenwachstum und Koagulation

In welchem Maß die gebildeten Rußpartikel und -vorläufer im Verlauf der Verbrennung nachoxidiert werden können, hängt exponentiell von der lokalen Temperatur und dem Sauerstoffpartialdruck ab [76].

Variationen der motorischen Parameter Einspritzdruck, Einspritztiming und AGR-Rate in [76] haben gezeigt, dass der Nachoxidation hinsichtlich der emittierten Rußmenge eine entscheidende Bedeutung zukommt. So kann die mit erhöhtem Einspritzdruck einhergehende Reduzierung der Rußemissionen auf die durch den Einspritzstrahl eingebrachte Turbulenz zurückgeführt werden, wodurch die lokale Mischung von Sauerstoff und Brennstoff verbessert wird. Das Einspritztiming und die damit verbundene zeitliche Lage der Verbrennung wirken sich über die Spitzentemperaturen ebenfalls auf die Oxidationsbedingungen aus. Durch Abgasrückführung wird über das Luftverhältnis das lokale Sauerstoffangebot reduziert, zusätzlich hemmt auch das niedrigere Temperaturniveau die Oxidation.

Mit flächendeckender Einführung von Partikelfiltern bei Diesel-Pkw lassen sich die Rußemissionen an die Nachweisgrenze verfügbarer Messtechnik bringen. Die wirkungsgradungünstige beladungsabhängige Regeneration der geschlossenen Filtersysteme erfordert jedoch nach wie vor möglichst niedrige Partikel-Rohemissionen.

2.1.2 Wirkungsgrad

Der effektive Wirkungsgrad eines Verbrennungsmotors ist definiert als

$$\eta_e = \frac{P_e}{\dot{m}_B \cdot H_u} \tag{2.6}$$

$mit \quad P_e \ldots effektive\ Leistung$

$\dot{m}_B \ldots Kraftstoffmassenstrom$

$H_u \ldots unterer\ Heizwert$

Mit Differenzierung nach Hochdruckprozess, Ladungswechsel und Reibung, Gl. (2.7), sowie den Wirkungsgraddefinitionen in Gl. (2.8)-(2.10) lässt sich der effektive Wirkungsgrad als Produkt aus den Wirkungsgraden des Hochdruck-Prozesses, des Ladungswechsels und des mechanischen Wirkungsgrades ausdrücken, Gl. (2.11).

$$P_e = P_i + P_r = P_{iHD} + P_{iLW} + P_r \tag{2.7}$$

$$\eta_{iHD} = \frac{P_{iHD}}{\dot{m}_B \cdot H_u} \tag{2.8}$$

$$\eta_{iLW} = \frac{P_{iHD} + P_{iLW}}{P_{iHD}} \tag{2.9}$$

$$\eta_m = \frac{P_e}{P_i} \tag{2.10}$$

$$\Rightarrow \quad \eta_e = \eta_{iHD} \cdot \eta_{iLW} \cdot \eta_m \tag{2.11}$$

Für die Optimierung des effektiven Wirkungsgrades, resp. des effektiven spezifischen Kraftstoffverbrauchs, können daher Reibung, Ladungswechsel und Verbrennung als gleichrangig angesehen werden.

Die Optimierung des mechanischen Wirkungsgrades, der in dieser Betrachtung neben mechanischer Reibung auch die Antriebsleistung der Nebenaggregate umfasst, ist nicht Gegenstand dieser Arbeit und wird daher nicht weiter betrachtet.

Hochdruckprozess und Ladungswechsel lassen sich zwar im thermodynamischen Sinn strikt voneinander trennen; meist wird der untere Totpunkt (UT) zur Trennung herangezogen. Es gibt jedoch, bedingt durch die Kopplung über das Arbeitsgas, keine motorischen Einflussparameter, die ausschließlich Auswirkungen auf nur einen der beiden Teilprozesse haben. Die Bewertung einer Optimierungsmaßnahme, sei diese konstruktiver, applikativer oder sonstiger Art, muss daher immer die Auswirkungen auf den Gesamtprozess berücksichtigen.

Dies kann sehr detailliert mithilfe der thermodynamischen Verlustteilung erfolgen, die ausgehend vom Idealprozess des Motors (Gleichraumprozess) die einzelnen Verluste durch reale Ladung, Verbrennungsschwerpunkt, HC/CO-Emissionen, realen Brennverlauf, reale Kalorik, Wandwärmeübergang und Ladungswechsel ausweisen kann [86].

2.1.3 Verbrennungsgeräusch

Die hohen Zylinderdruckgradienten bei der dieselmotorischen Verbrennung führen insbesondere bei niedriger bis mittlerer Last zu einem gegenüber anderen Geräuschquellen dominierenden Verbrennungsgeräusch [34]. Eine Reduzierung der dieselmotorischen Geräuschemissionen ist prinzipiell über eine gezielte Brennverlaufsformung möglich, womit jedoch auch Auswirkungen auf Emissionen und Wirkungsgrad verbunden sind [6][27].

Aus dem Zylinderdruckverlauf, welcher als Schallereignis aufgefasst wird, lässt sich das direkte Verbrennungsgeräusch mittels einer Struktur-Übertragungsfunktion berechnen. Die Struktur-Übertragungsfunktion beschreibt die Filterwirkung der Motorstruktur einschließlich Luftschallabstrahlung und Frequenzbewertung [34]. Üblicherweise kommen mittlere Übertragungsfunktionen zum Einsatz, die aus einer Vielzahl unterschiedlicher Motoren ermittelt wurden [70][71]. Die Ermittlung einer motorspezifischen Übertragungsfunktion, vgl. [23][24], erfordert aufwändige Untersuchungen auf speziellen Akustikprüfständen und ist für vergleichende Untersuchungen nicht notwendig.

2.2 Luftsystemregelung

Das Luftsystem umfasst beim Dieselmotor Aufladung und Abgasrückführung. Stand der Technik im PKW sind mehrheitlich einstufig abgasturboaufgeladene Motoren mit variabler Turbinengeometrie (VTG) und gekühlter Hochdruck-Abgasrückführung (HD-AGR), Bild 2.1. Konzepte mit kombinierten Aufladeverfahren (Stufen- oder Registeraufladung) sind wie auch die niederdruckseitige Abgasrückführung (ND-AGR) zum Teil bereits im Serieneinsatz und vielfach Gegenstand der Entwicklung, vgl. [22][29][30][45][63][79].

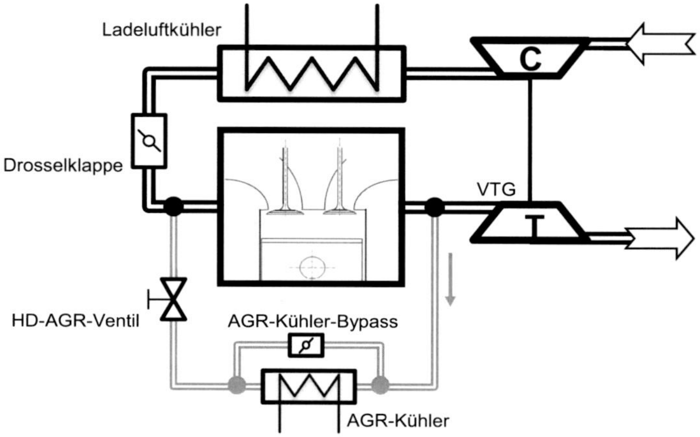

Bild 2.1: Luftsystem des konventionellen Dieselmotors

Die klassische Luftsystemregelung des konventionellen, einstufig aufgeladenen Dieselmotors mit HD-AGR entsprechend Bild 2.1 besteht aus zwei gekoppelten Regelkreisen mit den Regelgrößen Ladedruck und Frischluftmassenstrom [66]. Der gewünschte Frischluftmassenstrom wird durch Öffnen des HD-AGR-Ventils eingestellt. Da der Abgasdruck im Regelfall über dem Saugrohrdruck liegt, saugt der Motor bei geöffnetem AGR-Ventil Abgas an, der Frischluftmassenstrom sinkt. Die Kopplung der Regelkreise entsteht durch die mit Entnahme des zurückgeführten Abgasmassenstroms vor Turbine einhergehende Reduzierung der Turbinenleistung, was durch Verstellen der Leitschaufeln kompensiert werden muss. Das Verstellen der Leitschaufeln wiederum beeinflusst über den Abgasdruck das Druckgefälle über der AGR-Strecke und somit den zurückgeführten Massenstrom resp. den Frischluftmassenstrom.

Durch Anstellen der Drosselklappe kann das Druckgefälle über der HD-AGR-Strecke und somit der zurückgeführte Abgasmassenstrom zusätzlich erhöht werden. Die Drosselung im Ansaugtrakt führt jedoch zu Wirkungsgradverlusten aufgrund steigender Ladungswechselarbeit sowie zu reduzierter Zylinderfüllung aufgrund des abgesenkten Druckniveaus vor Motoreinlass.

Durch die Kühlung des zurückgeführten Abgases und die resultierende niedrigere Mischtemperatur im Saugrohr werden die Prozesstemperaturen gesenkt, was sich positiv auf die Stickoxidemissionen auswirkt. Zudem kann durch die Erhöhung der Dichte bei gleichem Druckverhältnis der zurückgeführte Massenstrom gesteigert werden. Für Kaltstart und Warmlauf kann der AGR-Kühler über einen schaltbaren Bypass umgangen werden, um die Zündbedingungen im Brennraum zu verbessern und einem Versotten des AGR-Kühlers entgegenzuwirken.

Trotz der physikalischen Kopplung werden Ladedruck und Frischluftmasse bis dato mehrheitlich separat geregelt, wobei die zumeist verwendeten PID-Regler durch Vorsteuerung und Adaption ergänzt werden [73]. Insbesondere im Bereich niedriger Lasten führt die gegenseitige Beeinflussung der beiden Einzelregelkreise zu potentiell instabilem Systemverhalten, so dass in der Praxis in diesen Bereichen die Ladedruckregelung deaktiviert und durch eine Steuerung der Leitschaufelstellung ersetzt wird.

Alternative Konzepte zur kombinierten Regelung von Aufladung und Abgasrückführung sind in den letzten Jahren durch gestiegene Anforderungen an Regelgüte und Emissionsstabilität im Allgemeinen und durch die Anforderungen neuartiger Auflade- und AGR-Konzepte im Besonderen in den Fokus der Entwicklung geraten. Dabei ist ein allgemeiner Trend zu modellbasierten Regelungen zu beobachten, der auch eine Abkehr von den klassischen Regelgrößen Frischluftmassenstrom und Ladedruck beinhaltet. In [11], [33] und [68] wird statt dem Frischluftmassenstrom die saugrohrbezogene AGR-Rate geregelt, in [57] wird zudem die Ladedruckregelung in eine direkte Regelung der Zylinderfüllung überführt. Regelgrößen sowie auch das Verhalten der Regelstrecke müssen dazu durch physikalische oder empirische Modelle bereitgestellt werden. Mit einem Streckenmodell sind auch prädikative Regelungsansätze möglich, wie in [69] am Beispiel eines NFZ-Dieselmotors gezeigt wird.

2.3 Einspritzmanagement

Die Gesamtheit der im Motorsteuergerät berechneten Funktionen zur Bestimmung der freien Parameter der Kraftstoffeinspritzung wird in der vorliegenden Arbeit als Einspritzmanagement bezeichnet. Dabei beschränkt sich die Betrachtung auf die logisch-funktionale Ebene der Anwendungs-Software. Ansteuerung und Management der Hardware-Komponenten des Einspritzsystems, Korrektur- und Adaptionsfunktionen (IMA, NMK, DWK, MMA, vgl. [66]) sowie Funktionen zur Steuerung und Regelung von Subsystemen (z. B. Raildruckregelung) werden als vorhanden und einer korrekten Funktionsweise entsprechend appliziert vorausgesetzt.

Stand der Technik bei PKW-Dieselmotoren sind Common Rail Einspritzsysteme, die mehrere Einspritzungen pro Arbeitsspiel ermöglichen. Die Anzahl der Einspritzungen stellt somit einen ersten freien Parameter des Einspritzmanagements dar. Pro Einspritzung ergeben sich mit Einspritzzeitpunkt und Einspritzmenge weitere zwei Parameter. Durch die Trennung von Einspritzung und Druckerzeugung bei Common Rail Systemen steht zusätzlich der Raildruck als freier Parameter zur Verfügung [51][66].

Im konventionellen Einspritzmanagement sind die genannten Parameter in der Regel in Kennfeldern abgelegt, die über Drehzahl und Last (Einspritzmenge oder inneres Moment) aufgespannt sind [66]. Die Anpassung an Umgebungsbedingungen, Betriebsart und Motorzustand erfolgt entweder über eine von entsprechenden Parametern abhängige Kennfeldauswahl (Kennraum) oder über eine (unter Umständen mehrfache) nachgeschaltete Korrektur des interpolierten Wertes. Diese Korrektur kann additiver, multiplikativer oder auch begrenzender Art sein. Die genaue Funktionsstruktur variiert je nach Hersteller, Motor, Projekt, Steuergerät etc. und unterliegt einem stetigen Weiterentwicklungs- und Anpassungsprozess. Als Eingangsgrößen kommen u. a. Ansauglufttemperatur, Kühlmittel- und Kraftstofftemperatur, Umgebungsdruck und Fahrgeschwindigkeit in Frage.

Ergänzend zur bisher beschriebenen reinen Steuerung der Einspritzung sind mittlerweile auch Ansätze zur zylinderdruckbasierten Closed-Loop-Regelung der Verbrennungslage in der Motorsteuerung realisiert, z. B. [25]. Als Hauptstellgröße für die Verbrennungslageregelung werden in [25] und [37] der Ansteuerbeginn der Haupteinspritzung genannt. In der Entwicklung sind auch Verfahren, die Vor- und Haupteinspritzung getrennt regeln, z. B. [75]. Weitergehende Ansätze regeln mit Einspritzparametern als Stellgrößen direkt dieselmotorische Zielgrößen. So wird beispielsweise in [17] das Verbrennungsgeräusch als Regelgröße über den Sollwert der Verbrennungslageregelung eingestellt. In [1] werden Luftverhältnis (stellvertretend für die Partikelemissionen) und Stickoxidemissionen über AGR-Ventilstellung und Einspritzbeginn geregelt.

Für NFZ-Anwendungen wird in [80] und [81] ein emissionsgeführtes Motormanagement mit Stickoxidemissionen und Opazität als Regelgrößen vorgestellt. Die Opazität wird mittels Ladedruck und Raildruck, die Stickoxidemissionen werden über das AGR-Ventil und die Schwerpunktlage eingestellt. Die Gewichtung zwischen Ladedruck und Raildruck erfolgt dabei in Abhängigkeit der Sauerstoffkonzentration im Saugrohr, die mittels einer Breitband-λ-Sonde gemessen wird. Die Stickoxidregelung erfolgt wirkungsgradorientiert primär über die AGR-Rate und erst mit nachgelagerter Priorität über eine Spätverschiebung der Verbrennung. Im transienten Betrieb jedoch wird der Trägheit des Luftpfades durch eine schnelle Spätverschiebung der Verbrennung entgegengewirkt, die nach Erreichen des Stickoxid-Sollwertes wieder zurückgenommen wird.

Im Kontext der vorliegenden Arbeit sind im zuletzt genannten Beitrag zwei wesentliche Ansätze realisiert: Zum einen geht die aktuelle Gaszusammensetzung in Form der Sauerstoffkonzentration direkt in die Sollwertbildung der Einspritzung ein (Raildruck), zum anderen wird die segmentsynchron steuerbare Einspritzung dazu verwendet, die Trägheiten des Luftpfades zumindest teilweise zu kompensieren (Verbrennungslage). Im Hinblick auf die Anwendung im PKW fehlt jedoch die Betrachtung des Verbrennungsgeräuschs als wichtige Zielgröße.

3 Charakterisierung der Zylinderladung

Wie in Kap. 2.3 ausgeführt, findet der Zustand der Zylinderladung aktuell lediglich indirekt Eingang in die Steuerung der Einspritzung. Die Parameter der Einspritzung werden am Motorprüfstand so appliziert, dass sich in Kombination mit dem stationär vorliegenden Füllungszustand der erwünschte Kompromiss hinsichtlich der dieselmotorischen Zielgrößen Wirkungsgrad, Emissionen und Verbrennungsgeräusch einstellt. Die durch die Abgasturboaufladung bedingten Trägheiten im Luftsystem werden durch empirische Korrekturfunktionen auf Basis verfügbarer Größen außerhalb des Brennraums berücksichtigt. In Anbetracht der Sensibilität gegenüber Änderungen des Füllungszustands, die moderne Brennverfahren wie beispielsweise die homogene Dieselverbrennung aufweisen [27], kann eine konventionelle Funktionsstruktur für die Steuerung der Einspritzung nicht als zielführend angesehen werden. In der vorliegenden Arbeit wird ein alternativer Ansatz verfolgt, der die Einspritzparameter in Abhängigkeit von den aktuellen Bedingungen im Brennraum festlegt. Hierfür gilt es zunächst, den Brennraumzustand als Basis der alternativen Funktionsstruktur zu analysieren und einer mathematischen Beschreibung zugänglich zu machen. Der Begriff der Charakterisierung soll verdeutlichen, dass an dieser Stelle keine physikalisch exakte und vollständige Definition angestrebt wird, sondern eine in Bezug auf die Verbrennungsführung aussagekräftige Beschreibung.

3.1 Allgemein

Ziel der Charakterisierung muss es sein, den Zustand im Brennraum möglichst

- einfach
- eindeutig
- vollständig

zu beschreiben. Im Hinblick auf die Anwendung im Motorsteuergerät muss die Charakterisierung hinreichend einfach sein, um eine Erfassung oder Berechnung überhaupt zu ermöglichen. Auch die Entwicklung entsprechender Steuerungs- oder Regelungsalgorithmen wird mit steigender Komplexität aufwändiger. Dabei muss jedoch gleichzeitig sichergestellt sein, dass ein eindeutiger Zusammenhang zwischen dem charakterisierten Zustand und dem verbrennungsmotorischen Prozess bzw.

dessen Resultat hergestellt wird. Konkret bedeutet dies: Es sollen eindeutige Korrelationen zu den Zielgrößen erkennbar sein. Notwendige Bedingung hierfür ist, dass die Charakterisierung alle relevanten Parameter mit Wirkung auf die Zielgrößen erfasst und den Zustand somit in diesem Sinn vollständig beschreibt.

Vor dem Hintergrund dieser Überlegungen muss eine Charakterisierung der Zylinderladung alle Parameter berücksichtigen, die neben der Einspritzung signifikanten Einfluss auf Gemischaufbereitung, Zündung und Verbrennung haben. Dies sind allgemein:

- Druck
- Temperatur
- Gasmasse und -zusammensetzung
- Ladungsbewegung/Turbulenz

Dabei sind die genannten Größen teilweise voneinander abhängig. Den Zusammenhang stellt die thermische Zustandsgleichung her:

$$p_Z \cdot V_Z = m_Z \cdot R \cdot T_Z \qquad (3.1)$$

Die spezifische Gaskonstante R ist theoretisch wiederum abhängig von Druck, Temperatur und Gaszusammensetzung. Im relevanten Druck- und Temperaturbereich während Ansaugung und Kompression ist die Gaskonstante jedoch praktisch konstant und nahezu unabhängig von der Gaszusammensetzung, Bild 3.1. In der vorliegenden Arbeit wird daher für die spezifische Gaskonstante ein konstanter Wert von $R=287\ J/kgK$ angenommen.

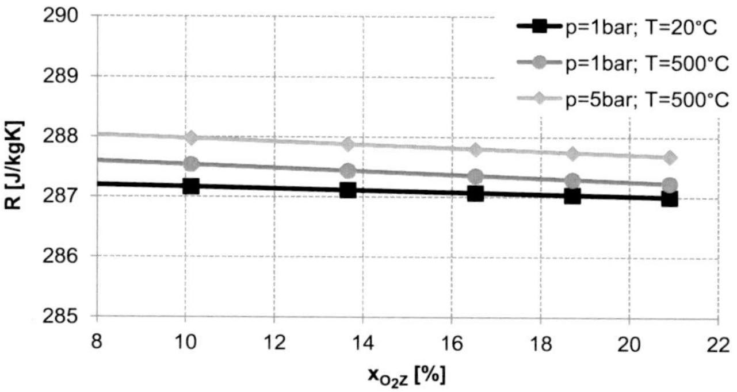

Bild 3.1: spezifische Gaskonstante R in Abhängigkeit von Druck, Temperatur und Sauerstoffkonzentration nach Zacharias [88]

Das Zylindervolumen V_Z wird durch die Motorgeometrie und die Kinematik des Kurbeltriebs bestimmt und kann als Funktion des Kurbelwinkels φ formuliert werden. Für Kurbeltriebe ohne Versatz gilt [8]:

$$V_Z(\varphi) = V_C + A_K \cdot \frac{h}{2}\left[(1-\cos(\varphi)) + \frac{1}{\lambda_s}\left[1-\sqrt{1-\lambda_s{}^2 \sin^2(\varphi)}\right]\right] \tag{3.2}$$

Der thermodynamische Zustand im Zylinder ist somit für einen definierten Zeitpunkt (Kurbelwinkel) bestimmt, wenn zwei der drei Größen Druck, Temperatur und Masse sowie die Gaszusammensetzung bekannt sind. Als zeitlicher Bezugspunkt wird in der vorliegenden Arbeit der Schließzeitpunkt der Einlassventile (ES – Einlass Schluss) gewählt. Ab diesem Zeitpunkt bleibt unter Vernachlässigung der Leckage die Zylindermasse konstant. Zudem lassen sich im UT-nahen Bereich Druck und Temperatur anhand des Saugrohrzustandes abschätzen, was die Plausibilisierung detaillierterer Modelle erleichtert.

Druck und Temperatur sind thermodynamische Zustandsgrößen, die unabhängig von Mess- oder Modellierungsmethoden keiner weiteren Definition bedürfen. Gleiches gilt für die Masse als physikalische Grundgröße. Im Gegensatz dazu verlangt der bisher verwendete, etwas unscharfe Begriff der Gaszusammensetzung nach einer detaillierteren Betrachtung, die in Kap. 3.2 erfolgt.

Die Ladungsbewegung wird bei direkteinspritzenden Dieselmotoren von einer um die Zylinderachse rotierenden Drallströmung dominiert. Die Ausbildung dieser Drallströmung zur Unterstützung der Gemischaufbereitung wird durch entsprechende geometrische Gestaltung der Einlasskanäle und Ventilsitzfasen erreicht. Durch

Auslegung je eines Kanals als Füllungs- bzw. Drallkanal und einer Regelklappe im Füllkanal (Drallklappe) kann das Drallniveau im Zylinder darüber hinaus durch die Motorsteuerung beeinflusst werden. Die so darstellbare Drallspreizung trägt dem variablen, von Last, Drehzahl und Einspritzdruck abhängigen Drallbedarf Rechnung.

Die quantitative Bewertung der Drallintensität erfolgt durch Angabe der Drallzahl, die auf speziellen Strömungsprüfständen ermittelt wird [51]. Eine Bestimmung im instationären Motorbetrieb gestaltet sich schwierig, ist jedoch im Hinblick auf eine Charakterisierung der Zylinderladung zum Zweck der Ermittlung von optimalen Einspritzparametern auch nicht notwendig. Am ausgeführten Motor, d. h. bei gegebener dralldefinierender Geometrie, genügt bei Kenntnis von Drehzahl und Einlassmassenstrom die Stellposition der Drallklappe zur Kennzeichnung eines relativen Drallniveaus im Zylinder.

3.2 Kenngrößen der Gaszusammensetzung

Die Gaszusammensetzung variiert beim Dieselmotor aufgrund des veränderlichen Anteils an Abgas im Brennraum. Vor allem die externe Abgasrückführung, aber auch das beim Ladungswechsel im Zylinder verbleibende interne Restgas haben Auswirkungen auf kalorische Stoffeigenschaften, Zündverhalten und Brennverlauf.

Bild 3.2 zeigt eine Bilanzierung der gesamten Zylindermasse vor Beginn der Einspritzung. Die im Zylinder befindliche Gasmasse setzt sich aus Frischluft, extern zurückgeführtem Abgas (im Folgenden auch als externes Restgas bezeichnet) und internem Restgas zusammen.

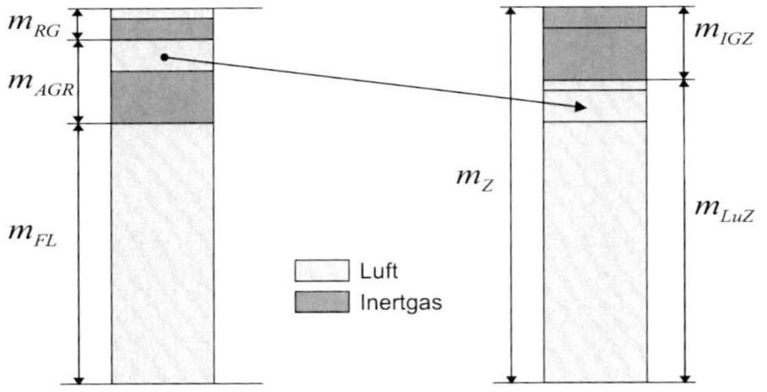

Bild 3.2: Bilanzierung der Zylindermasse vor der Verbrennung (schematisch)

Bei dieseltypisch überstöchiometrischem Betrieb enthalten sowohl externes als auch internes Restgas neben den Verbrennungsprodukten CO_2 und H_2O noch überschüssigen Sauerstoff. Mit der bekannten Zusammensetzung von Luft ergibt sich daraus eine Masse an „unverbrannter“ Luft im Abgas. Der Rest kann – unter Annahme vollständiger Verbrennung – als stöchiometrisches Verbrennungsgas betrachtet werden. Dieses enthält keine reaktiven Bestandteile und wird daher in der vorliegenden Arbeit als Inertgas bezeichnet. Bilanziert man die einzelnen Luft- und Inertgas-Anteile, lässt sich die Aufteilung der Zylindermasse nach Frischluft, AGR und Restgas in eine Aufteilung nach Luft und Inertgas überführen:

$$m_Z = m_{FL} + m_{AGR} + m_{RG} = m_{LuZ} + m_{IGZ} \tag{3.3}$$

In Anlehnung an die AGR-Rate lassen sich auf dieser Basis eine zylinderbezogene Inertgasrate bzw. ein Luftgehalt definieren:

$$IGR_Z = \frac{m_{IGZ}}{m_Z} \tag{3.4}$$

$$w_{LuZ} = \frac{m_{LuZ}}{m_Z} = 1 - IGR_Z \tag{3.5}$$

Mit dem Sauerstoffgehalt von Luft ergibt sich daraus der Sauerstoffgehalt im Zylinder:

$$w_{O_2Z} = \frac{m_{O_2Z}}{m_Z} = \frac{w_{O_2FL} \cdot m_{LuZ}}{m_Z} = w_{O_2FL} \cdot w_{LuZ} \tag{3.6}$$

Aus messtechnischer Sicht ist die volumetrische Konzentration dem Massenanteil vorzuziehen. Für den Zusammenhang zwischen der Volumenkonzentration x und dem Massenbruch w gilt:

$$x_i = w_i \cdot \frac{\overline{M}}{M_i} \tag{3.7}$$

Da die molaren Massen von Luft und stöchiometrischem Abgas nahezu identisch sind ($M_{FL}=28{,}965\ kg/kmol$; $M_{\lambda=1}=28{,}905\ kg/kmol$ [61]), kann die Umrechnung im Zylinder in guter Näherung über einen konstanten Faktor erfolgen:

$$\frac{x_{O_2}}{w_{O_2}} \approx \frac{M_{FL}}{M_{O_2}} = \frac{28{,}965\,{}^{kg}\!/_{kmol}}{31{,}999\,{}^{kg}\!/_{kmol}} = 0{,}905 \tag{3.8}$$

Damit ergibt sich letztlich die volumetrische Sauerstoffkonzentration im Zylinder zu:

$$x_{O_2Z} = 0{,}905 \cdot w_{O_2Z} = 0{,}905 \cdot w_{O_2FL} \cdot w_{LuZ} = x_{O_2FL} \cdot \frac{m_{LuZ}}{m_Z} \tag{3.9}$$

Den Zusammenhang zwischen den äquivalenten Größen Inertgasrate, Luftgehalt, gravimetrischem Sauerstoffgehalt und volumetrischer Sauerstoffkonzentration zeigt Bild 3.3:

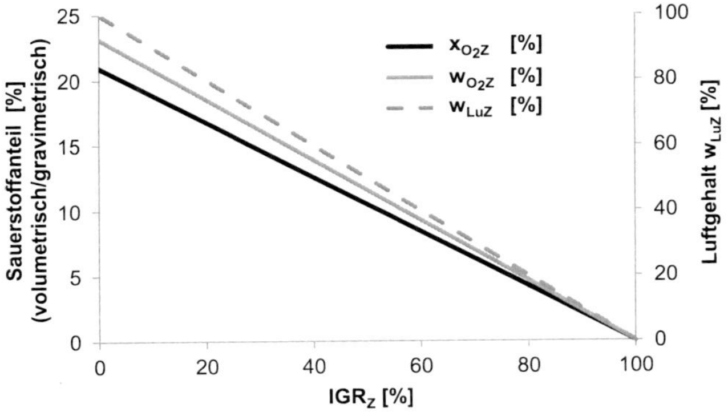

Bild 3.3: Zusammenhang zwischen den zylinderbezogenen Kenngrößen der Gaszusammensetzung Inertgasrate, Luftgehalt, Sauerstoffgehalt und Sauerstoffkonzentration

Im Folgenden werden als Kenngrößen der Gaszusammensetzung entweder die Inertgasrate oder die volumetrische Sauerstoffkonzentration herangezogen. Die Äquivalenz beider Größen wird durch Gl. (3.10) noch einmal verdeutlicht:

$$x_{O_2Z} = x_{O_2FL} \cdot (1 - IGR_Z) \tag{3.10}$$

Mit Kenntnis der Einspritzmenge lassen sich auf Basis der Massenbilanzierung gemäß Gl. (3.3) in Analogie zum Luftverhältnis λ nach DIN 1940 [56] ein zylinderbezogenes Luftverhältnis

$$\lambda_Z = \frac{m_{LuZ}}{m_B \cdot L_{st}} \tag{3.11}$$

sowie ein effektives Luftverhältnis

$$\lambda_e = \frac{m_Z}{m_B \cdot L_{st}} \tag{3.12}$$

definieren. Das zylinderbezogene Luftverhältnis λ_Z quantifiziert die gesamte im Brennraum enthaltene Masse an Luft im Verhältnis zur Luftmasse, die für eine vollständige Verbrennung der Kraftstoffmasse m_B benötigt wird (stöchiometrische Luftmasse). λ_Z entspricht damit dem ebenfalls in der DIN 1940 definierten Verbrennungsluftverhältnis λ_V zwischen ES und Beginn der Verbrennung.

Für den Sonderfall einer Verbrennung ohne Restgasanteil (und ohne während des Ladungswechsels direkt in den Auslasstrakt strömende Spülverluste) sind λ_Z und λ identisch. Enthält der Brennraum neben Luft auch (externes oder internes) Restgas, liegt das zylinderbezogene Luftverhältnis λ_Z um den Luftanteil des Restgases über dem Luftverhältnis λ, welches nur dem Motor zugeführte Massen an Luft und Kraftstoff berücksichtigt.

Nach Verbrennungsende ergibt sich aus den bei ES vorliegenden Massen an Luft und Inertgas und der verbrannten Kraftstoffmasse das Abgas-Luftverhältnis λ_{Abg}. Für stationären Motorbetrieb entspricht das Abgas-Luftverhältnis unabhängig von internem und externem Restgasanteil dem Luftverhältnis λ.

Das in der vorliegenden Arbeit als effektives Luftverhältnis bezeichnete λ_e bezieht die gesamte im Brennraum enthaltene Gasmasse unabhängig von der Zusammensetzung auf die zur Kraftstoffmasse m_B stöchiometrische Luftmasse. Gemeinsam mit der für die spezifische Wärmekapazität maßgeblichen Inertgasrate stellt λ_e somit ein Maß für die Wärmekapazität der Zylinderladung im Verhältnis zur eingebrachten Kraftstoffmasse dar. Das effektive Luftverhältnis kann daher als Indikator für die potentielle Temperaturerhöhung der Zylindermasse durch die Verbrennung betrachtet werden.

3.3 Stationäre Bestimmungsansätze

Die im Folgenden hergeleiteten Bestimmungsgleichungen gelten für stationären Motorbetrieb und setzen die Verfügbarkeit von Standard-Prüfstandsmesstechnik inklusive Gasanalytik und Zylinderdruckindizierung voraus. Mit der Einschränkung auf stationären Motorbetrieb gilt insbesondere:

- Identische Zusammensetzung von internem und externem Restgas
- $\lambda_{Abg} = \lambda$
- Der vor Verdichter gemessene Frischluftmassenstrom entspricht der Summe der in die Zylinder einströmenden Frischluftmassenströme.

3.3.1 Zylindermasse aus Frischluft, AGR und Restgas

Ausgangspunkt der Betrachtungen ist die Bilanzierung der Zylindermasse nach Gl. (3.3) und Bild 3.2. Die Frischluftmasse kann entweder als Frischluftmassenstrom direkt gemessen oder über Luftverhältnis und Kraftstoffmasse ermittelt werden:

$$m_{FL} = \lambda \cdot m_B \cdot L_{st} \qquad (3.13)$$

Die AGR-Masse kann gemäß Gl. (3.14) aus Frischluftmasse und AGR-Rate errechnet werden, wobei die AGR-Rate u. a. aus den CO_2-Konzentrationen in Saugrohr und Abgas bestimmt werden kann, vgl. Anhang A1.

$$AGR = \frac{m_{AGR}}{m_{AGR} + m_{FL}} \qquad (3.14)$$

Für eine vollständige Bestimmung der Zylindermasse muss die beim Ladungswechsel im Zylinder verbleibende Restgasmasse quantifiziert werden. Eine direkte Messung ist hier nicht möglich.

Ansätze zur Modellierung der Restgasmasse oder des Restgasgehalts sind u. a. in [41] veröffentlicht. Für die vorliegende Arbeit an einem konventionellen Dieselmotor ohne variablen Ventiltrieb konnte mittels nulldimensionaler thermodynamischer Ladungswechselanalyse gezeigt werden, dass mit dem einfachen Ansatz in Anlehnung an [54] die Restgasmasse für stationären Motorbetrieb mit ausreichender Genauigkeit abgeschätzt werden kann, Bild 3.4. Dabei wird mittels der thermischen Zustandsgleichung eine theoretische Zylindermasse im Ladungswechsel-OT berechnet, wobei als

Schätzwerte für Druck und Temperatur die gemessenen Abgaswerte vor Turbine herangezogen werden:

$$m_{RG} = \frac{p_3 \cdot V_c}{R \cdot T_3} \tag{3.15}$$

In Anbetracht des insgesamt geringen Restgasanteils an der Zylindermasse können bei der Berechnung der Restgasmasse relativ große Fehler toleriert werden, da sie sich nur gering auf die Gesamtmasse und die Zusammensetzung im Zylinder auswirken.

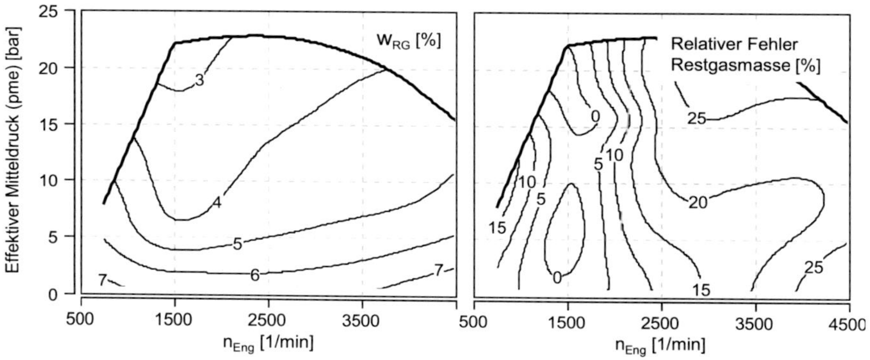

Bild 3.4: Restgasgehalt des Versuchsträgers (vgl. Kap. 5.1) als Resultat der thermodynamischen Ladungswechselanalyse (links) und relativer Fehler der Restgasmassen-Modellierung nach [54] (rechts)

Im wichtigen Drehzahlbereich unter 2000 min^{-1} liegt der relative Fehler bei der Bestimmung der Restgasmasse nach Gl (3.15) unter 10 %, was zu Fehlern in der Gesamtmasse von maximal 0,5 % führt. Auch die größeren Fehler bei höheren Drehzahlen von bis zu 25 % führen zu Fehlern in der Zylindermasse von unter 2 %. Von größerer Bedeutung als die absolute Genauigkeit der Restgasmasse sowohl für die umfangreichen DoE-Untersuchungen (Kap. 5) als auch für dynamische Anwendungen im Motorsteuergerät ist eine iterationsfreie und schnelle Berechnung.

3.3.2 Aufteilung der Zylindermasse in Luft- und Inertgasmasse

Da im stationären Motorbetrieb die Gaszusammensetzung von internem wie externem Restgas der Abgaszusammensetzung entspricht, können für die folgende Betrachtung internes und externes Restgas zusammengeführt werden:

$$\widetilde{m}_{RG} = m_{AGR} + m_{RG} \tag{3.16}$$

Das nach dem Schließen der Einlassventile im Zylinder vorhandene gesamte Restgas lässt sich nun wiederum aufteilen in unverbrannte Luft und Inertgas:

$$\widetilde{m}_{RG} = \widetilde{m}_{Lu\,RG} + \widetilde{m}_{IG\,RG} = (k_L + 1) \cdot \widetilde{m}_{IG\,RG} \tag{3.17}$$

Die Hilfsgröße k_L beschreibt dabei das Verhältnis von unverbrannter Luft zu Inertgas im Abgas und ist abhängig von stöchiometrischem Luftverhältnis L_{St} und Luftverhältnis λ:

$$k_L = \frac{m_{Lu\,Abg}}{m_{IG\,Abg}} = \frac{m_{FL} - m_{Lst}}{m_{Lst} + m_B} = \frac{m_{Lst} \cdot (\lambda - 1)}{m_{Lst} \cdot \left(1 + \frac{1}{L_{st}}\right)} = \frac{L_{st} \cdot (\lambda - 1)}{L_{st} + 1} \tag{3.18}$$

Nimmt man für Dieselkraftstoff ein konstantes stöchiometrisches Luftverhältnis von $L_{St}=14{,}58$ an, ergibt sich eine lineare Abhängigkeit vom Luftverhältnis:

$$k_L \approx 0.9358 \cdot (\lambda - 1) \tag{3.19}$$

Die Inertgasmasse des gesamten Restgases in Gl. (3.17) entspricht der gesuchten Zylinder-Inertgasmasse, welche sich folglich berechnen lässt als:

$$m_{IGZ} = \widetilde{m}_{IG\,RG} = \frac{\widetilde{m}_{RG}}{(k_L + 1)} = \frac{m_{AGR} + m_{RG}}{(k_L + 1)} \tag{3.20}$$

Die gesamte Zylinder-Luftmasse m_{LuZ} ergibt sich aus der Bilanz zu:

$$m_{LuZ} = m_Z - m_{IGZ} = m_{FL} + \frac{k_L \cdot (m_{AGR} + m_{RG})}{(k_L + 1)} \tag{3.21}$$

Damit lassen sich nun auch die Kenngrößen der Gaszusammensetzung nach den Gleichungen (3.4) - (3.12) berechnen.

3.3.3 Druck und Temperatur

Der Brennraum eines schnelllaufenden Hubkolbenmotors stellt sich für jegliche Art von Messinstrument als höchst anspruchsvoller Einsatzort dar. Eine direkte Messung der Temperatur im Zylinder scheitert aus zwei wesentlichen Gründen:

- Jede Temperaturmessung ist trägheitsbehaftet, während die Temperatur im Zylinder sich drehzahlabhängig sehr schnell ändert.
- Das Temperaturfeld im Zylinder ist nicht homogen, eine örtlich gemessene Temperatur kann nicht ohne Weiteres als Massenmitteltemperatur gelten.

Eine Druckmessung hingegen kann aufgrund des sich mit Schallgeschwindigkeit ausbreitenden Drucks an nahezu beliebiger Stelle im Brennraum erfolgen. Neben hochgenauen piezoelektrischen Drucksensoren sind mittlerweile auch serientaugliche Glühstift-Druckaufnehmer verfügbar [12], die Glühfunktion und Druckmessung vereinen.

Mit der gemäß Kap. 3.3.1 bestimmten Zylindermasse, der als konstant angenommenen Gaskonstante und dem gemessenen Druck kann die Massenmitteltemperatur im Zylinder bei ES mittels der thermischen Zustandsgleichung (3.1) berechnet werden. Voraussetzung ist eine hohe Qualität der Zylinderdruckmessung, die auf dem Prüfstand durch wassergekühlte piezoelektrische Drucksensoren und hochgenaue Drehwinkelerfassung erreicht wird. Derzeit verfügbare Glühstift-Druckaufnehmer in Verbindung mit der für diese Arbeit zur Verfügung stehenden serienmäßigen Signalverarbeitung im Steuergerät sind dagegen nur bedingt geeignet, vgl. hierzu auch Kap. 4.5.3.

Die Berechnung einer Temperatur aus der thermischen Zustandsgleichung ist aufgrund der Rechnung auf Basis der Kelvin-Skala sehr sensibel gegenüber Messfehlern in Druck und Masse. Der sich linear fortpflanzende relative Messfehler hat hohe absolute Fehler in der errechneten Temperatur zur Folge. Daher werden bei stationären Messungen am Prüfstand die gemessenen Zylinderdruckverläufe über mehrere Zyklen gemittelt, um den Messfehler möglichst klein zu halten. Weiterhin wird der Druck bei ES zur Verbesserung des Signal-Rausch-Abstandes nicht direkt gemessen, sondern aus der Kompression unter Vernachlässigung des Wandwärmeübergangs polytrop zurückgerechnet, vgl. Kap. 4.5.3.

Dennoch bleibt bei der Berechnung der Zylindermasse gemäß Kap. 3.3.1 die Unsicherheit der nicht sehr genau modellierten Restgasmasse im Zylinder, die nur mithilfe der thermodynamischen Ladungswechselanalyse genauer quantifiziert werden kann. Für qualitative Aussagen kann die Temperatur bei ES jedoch mit ausreichender Genauigkeit auch mit modellierter Restgasmasse berechnet werden.

3.4 Gegenüberstellung von AGR- und Inertgas-Rate

Die beim Dieselmotor allgemein zur Kennzeichnung der Gemischzusammensetzung verwendete Größe ist die AGR-Rate. Dabei wird der extern zurückgeführte Abgasmassenstrom ins Verhältnis zum gesamten angesaugten Gasmassenstrom gesetzt, Gl. (3.14). Die AGR-Rate ist am Motorprüfstand einfach zu ermitteln (vgl. Anhang A1) und korreliert in stationären Messungen gut mit den NO_x-Emissionen. Allerdings berücksichtigt die AGR-Rate weder internes Restgas noch die Zusammensetzung des extern zurückgeführten Verbrennungsgases.

Verknüpft man die Definitionen von Inertgas- und AGR-Rate und drückt die Restgasmasse durch den zylindermassenbezogenen Restgasanteil aus, ergibt sich für stationären Motorbetrieb ein Zusammenhang zwischen saugrohrbezogener AGR-Rate und zylinderbezogener Inertgasrate, der nur von Restgasgehalt und Luftverhältnis abhängt:

$$m_{RG} = w_{RG} \cdot m_Z \tag{3.22}$$

(3.4)○(3.20)

$$\Rightarrow \quad IGR_Z = \frac{m_{IGZ}}{m_Z} = \frac{m_{AGR} + m_{RG}}{(k_L + 1) \cdot m_Z} \tag{3.23}$$

(3.3)○ (3.14)

$$\Rightarrow \quad AGR = \frac{m_{AGR}}{m_{AGR} + m_{FL}} = \frac{m_{AGR}}{m_Z - m_{RG}} \tag{3.24}$$

(3.18)○(3.22)○ (3.23)○(3.24)

$$\Rightarrow \quad AGR = \frac{IGR_Z \cdot (L_{st} \cdot \lambda + 1) - w_{RG} \cdot (L_{st} + 1)}{(1 - w_{RG}) \cdot (L_{st} + 1)} \tag{3.25}$$

Den Zusammenhang für einen konstanten Restgasgehalt von fünf Prozent zeigt Bild 3.5 mit dem Luftverhältnis als Parameter. Je mehr Sauerstoff im Abgas enthalten ist, d. h. je größer das Luftverhältnis, desto stärker unterscheiden sich AGR- und Inertgasrate. Bei konstanter AGR-Rate hängt die Sauerstoffkonzentration im Zylinder maßgeblich vom Luftverhältnis ab, was die mit sinkender Last, resp. zunehmendem Luftverhältnis, steigende „AGR-Verträglichkeit" erklärt.

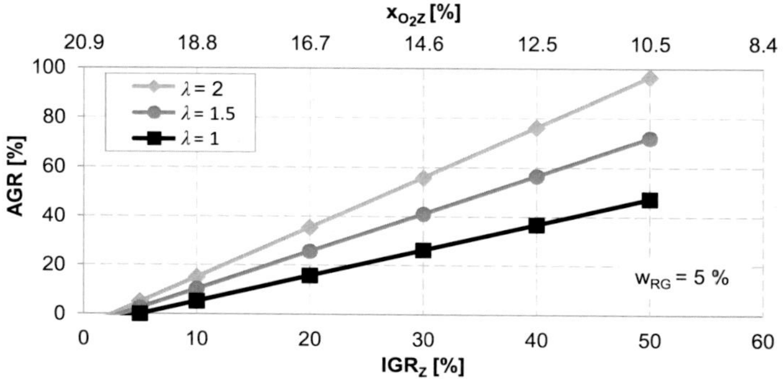

Bild 3.5: Inertgasrate und O_2-Konzentration im Zylinder in Abhängigkeit von AGR-Rate und Abgaszusammensetzung im stationären Motorbetrieb

Die AGR-Rate ist somit keine geeignete Größe zur Charakterisierung der Gaszusammensetzung im Zylinder, da sie weder eindeutig noch vollständig im Sinne der zu Beginn dieses Kapitels gestellten Forderungen ist. Auch in Kombination mit dem Abgas-Luftverhältnis beschreibt die AGR-Rate die Gaszusammensetzung nur unvollständig, da der interne Restgasanteil nicht erfasst wird. Die Vernachlässigung des internen Restgasanteils mag für einen konventionellen Dieselmotor ohne Variabilitäten im Ventiltrieb zulässig erscheinen, da dieser bei dieseltypisch kleiner Ventilüberschneidung im gesamten Kennfeld relativ gering ist, vgl. Bild 3.4. Im dynamischen Betrieb kann der Restgasanteil allerdings aufgrund hoher Abgasgegendrücke während der Beschleunigung deutlich höhere Werte annehmen. Zudem sind variable Ventiltriebe auch beim Dieselmotor vielfach Gegenstand von Forschung und Entwicklung [19][42][85].

Den Einfluss des Restgasgehalts auf die Gaszusammensetzung im Zylinder zeigt Bild 3.6. Bei konstanter AGR-Rate verschiebt ein zunehmender Restgasanteil die Inertgasrate hin zu höheren Werten, wobei der Grad der Verschiebung wiederum abhängig vom Sauerstoffgehalt des Restgases ist.

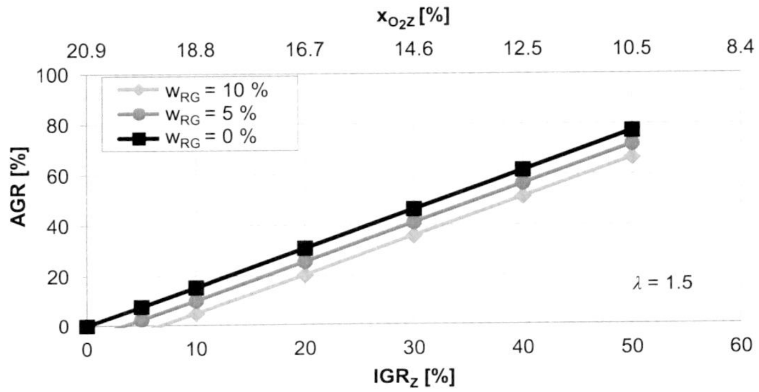

Bild 3.6: Inertgasrate und O_2-Konzentration im Zylinder in Abhängigkeit von AGR-Rate und Restgas-Massenanteil

Dies gilt auch dann, wenn die externe Abgasrückführung vollständig deaktiviert ist, also insbesondere während einer Volllast-Beschleunigung, wo für möglichst schnellen Ladedruckaufbau die VTG-Leitschaufeln angestellt werden, was temporär zu hohen Abgasgegendrücken und somit zu einer Erhöhung der Inertgasrate gegenüber dem stationären Betrieb führt.

3.5 Zusammenfassung

Mit der Zylindermasse und der zylinderbezogenen Inertgasrate, resp. der äquivalenten Sauerstoffkonzentration im Zylinder, sowie der Temperatur bei ES und der Stellposition der Drallklappe kann die Zylinderladung aus verbrennungstechnischer Sicht einfach, eindeutig und vollständig charakterisiert werden.

Das Sauerstoffangebot definiert die umsetzbare Kraftstoffmasse und quantifiziert die für Stickoxidbildung und Rußoxidation global zur Verfügung stehende Menge an Oxidationsmittel. Der Inertgasanteil definiert gemeinsam mit der Temperatur bei ES die kalorischen Gaseigenschaften wie spezifische Wärmekapazität und Isentropenexponent, Bild 3.7, und bestimmt so maßgeblich die Temperaturänderung durch Kompression und Verbrennung.

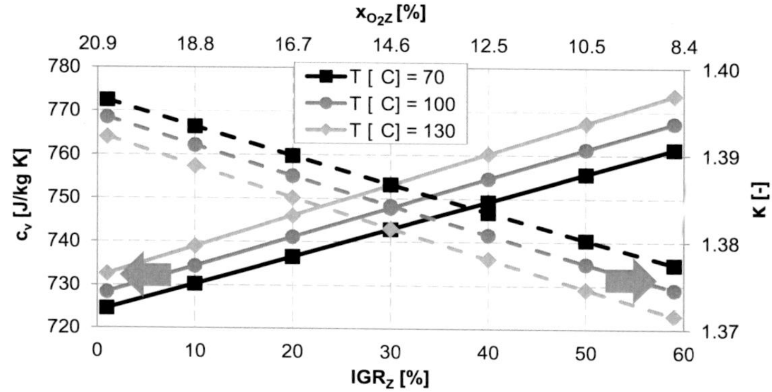

Bild 3.7: Einfluss der Gaszusammensetzung auf Wärmekapazität und Isentropenexponent nach Zacharias [88]; Darstellung für p = 1100 mbar

Die Stellposition der Drallklappe schließlich gibt Aufschluss über das variable Drallniveau im Zylinder, das Einfluss auf Gemischbildung und Brennverlauf hat. Die Drallklappenstellung nimmt innerhalb der Charakterisierung der Zylinderladung eine Sonderstellung ein, da sie auch im dynamischen Betrieb präzise stell- und messbar ist.

Als wesentliche Erkenntnis aus den bisherigen Ausführungen kann festgestellt werden, dass die bisher verwendeten Regelgrößen des Luftsystems - Luftmasse und Ladedruck - die Zylinderladung nur unvollständig beschreiben. Neuere Ansätze, die Füllung und AGR-Rate als Führungsgrößen nutzen, charakterisieren die Zylinderladung zwar besser, aber aufgrund des variablen Sauerstoffanteils im zurückgeführten Abgas ebenfalls unvollständig.

Am Motorprüfstand können die identifizierten Kenngrößen im stationären Betrieb auf Basis von Druck- und Temperaturmessungen, Frischgas- und Abgasanalyse, Zylinderdruckindizierung und Kraftstoffmassenstrommessung berechnet werden. Für eine Bestimmung im Fahrzeug müssen jedoch dynamische Effekte im Gassystem berücksichtigt werden. Weiterhin stehen Gasanalytik und Kraftstoffmassenstrom-Messung nicht zur Verfügung, die Zylinderdruckindizierung nur mit eingeschränkter Qualität. Daher wird im folgenden Kapitel eine echtzeitfähige fahrzeugtaugliche Füllungserfassung erarbeitet, die alle benötigten Kenngrößen bereitstellen kann.

4 Echtzeitfähige Modellierung des Luftsystems

4.1 Überblick

Ziel der Modellierung des Luftsystems ist die Bereitstellung von Informationen über den Zustand im Brennraum nach dem Schließen der Einlassventile. Als nicht direkt messbare charakteristische Kenngrößen wurden in Kap. 3 die Zylindermasse, die Inertgasrate resp. die Sauerstoffkonzentration im Zylinder und die Temperatur bei ES identifiziert.

Ein entsprechendes steuergerätefähiges Modell muss für den instationären Motorbetrieb zwei wesentliche Effekte abbilden:

- Dynamische Speichereffekte, die auftreten, wenn ein kompressibles Medium seine Dichte ändert
- Vermischung der Frischluft mit dem über die AGR-Strecke zurückgeführten Abgas

Weiterhin ist das beim Ladungswechsel im Brennraum verbleibende interne Restgas qualitativ und quantitativ in den Berechnungen zu berücksichtigen.

Im Hinblick auf Verwendung der Füllungsinformationen zur Steuerung der Einspritzung müssen Berechnung und Ausgabe in Echtzeit erfolgen. Iterative Lösungsverfahren, wie sie beispielsweise in der 1D-Strömungssimulation zum Einsatz kommen, sind somit ungeeignet. Da das System im Fahrzeug umgesetzt werden soll, muss die Modellierung auf Daten basieren, die auch im Fahrzeug mit vertretbarem Aufwand und ausreichender Robustheit gewonnen werden können.

Um das Verständnis der nachfolgenden Kapitel zu erleichtern, wird an dieser Stelle zunächst ein Überblick über das Gesamtsystem und die grundsätzliche Funktionsweise gegeben. Bild 4.1 zeigt die Aufteilung des Luftsystems in einzelne Ersatzvolumina mit allen benötigten Messgrößen. Vor dem Verdichter wird der einströmende Frischluftmassenstrom mittels eines Heißfilmmassenmessers (HFM) erfasst. Die verdichtete Luft strömt durch Rohrleitungen (V_{20}) in den Ladeluftkühler (LLK), wird dort isobar abgekühlt und strömt wiederum über Rohrleitungen (V_{21}) in das Saugrohr (V_{22}), wo die Vermischung mit dem zurückgeführten Abgas erfolgt. In jedem Ersatzvolumen werden die durch Dichteänderungen verursachten Massenspeichereffekte berechnet und ein entsprechend korrigierter Austrittsmassenstrom ausgegeben, der als Eintrittsmassenstrom im folgenden Volumen Verwendung findet. Im Saugrohr wird neben den Massenspeichereffekten die Vermischung von Abgas und Frischluft berechnet, wobei die resultierende Gaszusammensetzung unter Verwendung einer Breitband-λ-Sonde als Sauerstoffsensor ermittelt wird. Der errechnete Austrittsmassenstrom wird um die Information der Sauerstoffkonzentration ergänzt.

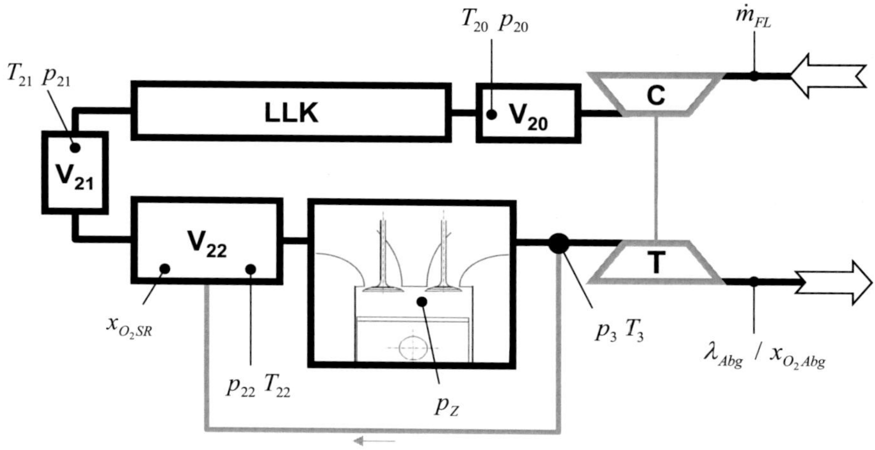

Bild 4.1: Diskretisierung des Luftsystems mit benötigten Messgrößen

Aus dem Saugrohr strömt das Gemisch in den Motor, der in Bild 4.1 durch die schematische Darstellung eines einzelnen Zylinders symbolisiert wird. Eine zylinderselektive Betrachtung findet nicht statt. Im Zylinder werden die charakteristischen Kenngrößen Zylindermasse und Sauerstoffkonzentration resp. Inertgasrate berechnet. Aus der Füllungsinformation und dem Drucksignal der Glühstift-Druckaufnehmer kann weiterhin die Massenmitteltemperatur berechnet werden.

Das Luftsystem wird als kontinuierlich instationär durchströmtes System zeitsynchron berechnet. Über einen die Datenkonsistenz gewährleistenden Message-Mechanismus [72] können die kontinuierlich erzeugten Informationen aus dem Gassystem für die segmentsychron berechnete Einspritzung zur Verfügung gestellt werden.

4.2 Modellierung dynamischer Speichereffekte

Der angesaugte Frischluftmassenstrom wird beim Dieselmotor klassischerweise über den HFM vor Verdichter gemessen. Aus messtechnischer Sicht ist diese Position durchaus begründet, denn der Verdichter wirkt so dämpfend auf die Strömungspulsationen, die sich durch die intermittierende Arbeitsweise eines Hubkolbenmotors ergeben. Aufgrund der Kompressibilität der Luft und der mitunter langen Ladeluftstrecke über Verrohrung, Ladeluftkühler und Saugrohr treten jedoch dynamische Massenspeichereffekte durch Dichteänderung auf. Dadurch entspricht der gemessene Frischluftmassenstrom nicht notwendigerweise dem tatsächlichen Zylinder-Eintrittsmassenstrom. Um das Signal des HFM dennoch nutzen zu können, müssen die Massenspeichereffekte im Modell des Luftsystems abgebildet werden.

Für ein von einem näherungsweise idealen Gas durchströmtes adiabates Volumen, wie es in Bild 4.2 schematisch dargestellt ist, können mittels thermischer Zustandsgleichung und Massenerhaltung dynamische Massenspeichereffekte berechnet werden.

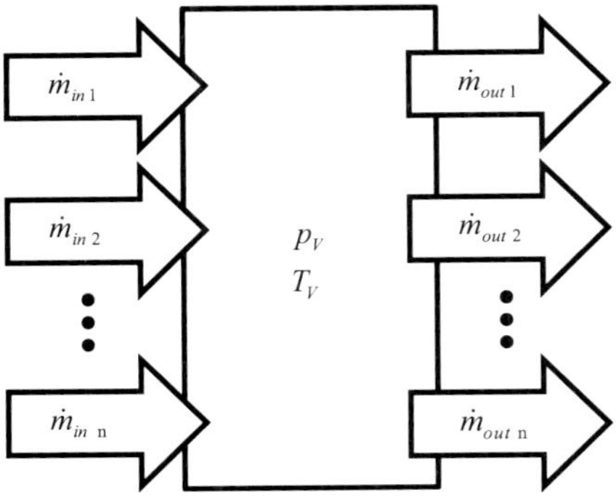

Bild 4.2: Schematische Darstellung eines durchströmten Volumens

Sind Druck, Temperatur und Volumen bekannt, lässt sich die im Volumen gespeicherte Masse berechnen:

$$m_V = \frac{p_V \cdot V}{R \cdot T_V} \tag{4.1}$$

Dabei werden eine homogene Druck- und Temperaturverteilung sowie eine homogene Gaszusammensetzung im Volumen angenommen. Die Änderung der im Volumen gespeicherten Masse wird im zeitdiskreten System über den Differenzenquotienten approximiert. Sind weiterhin die Eintritts- und Austrittsmassenströme bis auf einen einzigen bekannt, lässt sich dieser aus der Massenerhaltung nach Gl. (4.2) ermitteln.

$$\frac{dm_V}{dt} = \sum \dot{m}_{in} + \sum \dot{m}_{out} \tag{4.2}$$

Wärmeströme über die Systemgrenze hinweg finden vereinbarungsgemäß nicht statt.

4.3 Auswirkungen trägheitsbehafteter Temperaturmessung

Werden Druck und Temperatur in den modellierten Volumina messtechnisch erfasst, wird das Zeitverhalten des Systems durch das Zeitverhalten der Messdaten abgebildet, was eine entsprechend sorgfältige Signalerfassung und –verarbeitung erfordert. Während die Druckmessung als nahezu verzögerungsfrei angesehen werden kann, ist auf die stets trägheitsbehaftete Temperaturmessung besonderes Augenmerk zu richten.

Die Messung von Gastemperaturen erfolgt im Allgemeinen mit trägheitsbehafteten Thermoelementen. In [58] wird dargelegt, dass die thermische Trägheit des Sensors mit der zweiten Potenz des Sensordurchmessers steigt, während die für die Wärmeübertragung zur Verfügung stehende Fläche nur mit der ersten Potenz steigt. Die Folge ist ein mit steigendem Sensordurchmesser schlechter werdendes dynamisches Ansprechverhalten. Entsprechend ergeht die Forderung nach möglichst dünnen Thermoelementen im Luftsystem.

Der verbleibende relative Temperatur-Messfehler geht direkt in die Massenbestimmung ein:

$$\frac{\Delta m_V}{m_V} = \frac{\Delta T_V}{T_V} \tag{4.3}$$

Als vorteilhaft für Anwendungen im Luftsystem aufgeladener Verbrennungsmotoren erweist sich hier die auf die Kelvin-Skala bezogene geringe relative Temperaturdynamik. Weiterhin wirkt sich die fehlerhafte Temperaturmessung lediglich auf die Massenänderung im Volumen aus, die - abhängig von der Volumengröße - klein gegenüber dem Gesamtmassendurchsatz ist. Entsprechend gering wirkt sich der Fehler im berechneten Austrittsmassenstrom aus.

Schnelle Temperaturänderungen im Luftsystem resultieren entweder aus der Verdichtung der angesaugten Frischluft oder aus der Vermischung von Frischluft und zurückgeführtem Abgas im Saugrohr. Beide Effekte werden im Folgenden in theoretischen Worst-Case-Szenarien näher betrachtet, um den durch verzögerte Temperaturmessung verursachten Fehler abschätzen und bewerten zu können.

4.3.1 Temperaturänderung durch Verdichtung

Die maximale Druckänderung im Luftsystem tritt während einer Volllastbeschleunigung auf. Einstufig aufgeladene Dieselmotoren erreichen derzeit Ladedrücke bis maximal 3 bar. Die maximale Druckänderung beträgt infolgedessen etwa 2 bar. Die Massenträgheit der Aufladegruppe und das Luftverhältnis (Rauchgrenze) beschränken den Gradienten des Ladedruckaufbaus. Aus Messungen am Versuchsträger wurde ein maximaler Druckgradient von etwa 1,2 bar/s ermittelt, wobei Gradienten in dieser Größenordnung nur bei einer Volllastbeschleunigung mit Gangwechsel und entsprechendem Drehzahlsprung auftreten (Automatikgetriebe). Ohne Drehzahlsprung liegt der maximale Druckanstieg in etwa bei 0,8 bar/s.

Als Grenzfall für den aus der Verdichtung resultierenden Temperaturanstieg kann die isentrope Verdichtungstemperatur herangezogen werden, Gl. (4.4):

$$T_2 = T_1 \cdot \left(\frac{p_2}{p_1} \right)^{\frac{\kappa - 1}{\kappa}} \tag{4.4}$$

Nimmt man für die Temperaturmessung ein Verzögerungsverhalten erster Ordnung an, kann der maximal auftretende Messfehler aus der Differenz zwischen isentroper und verzögerter Temperatur abgeleitet werden.

Für die Berechnung des Speicherverhaltens nach Gl. (4.1) und (4.2) wird der Eintrittsmassenstrom benötigt. Im realen Anwendungsfall wird hier der HFM-Messwert herangezogen. Für stationären Betrieb ohne Speichereffekte lässt sich der Massenstrom unter Annahme eines konstanten Luftaufwands näherungsweise berechnen. Somit sind für einen theoretischen Lastsprung Anfangs- und Endwert des Eintrittsmassenstroms in das Luftsystem bestimmt.

In Bild 4.3 ist ein simulierter Volllastsprung mit maximaler Dynamik dargestellt. Angenommen wird ein linearer Druckanstieg von Umgebungsdruck auf 3 bar mit einem Gradienten von 1,2 bar/s. Neben dem isentropen Temperaturverlauf sind drei weitere Temperaturverläufe dargestellt, die einem Sensorverhalten mit Verzögerung erster

Ordnung mit unterschiedlichen Verzögerungszeiten entsprechen. Das Speicherverhalten wurde für ein theoretisches Volumen von 15 l berechnet, was in etwa dem Volumen des Luftsystems des Versuchsträgers zwischen Verdichter und Motoreinlass entspricht. Die temperatursenkende Wärmeabfuhr im Ladeluftkühler wird hierbei zunächst bewusst vernachlässigt.

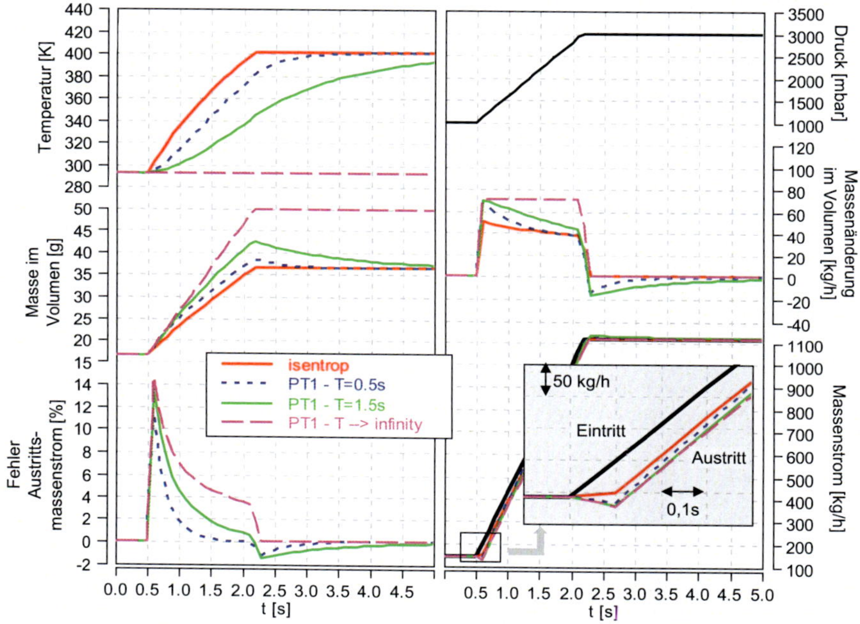

Bild 4.3: Einfluss verzögerter Temperaturmessung am Beispiel einer theoretischen Volllastbeschleunigung
Angenommenes Volumen des Luftsystems: V=15 l

Aus einer verzögerten Temperaturmessung ergibt sich während des Druckanstiegs eine zu hohe im Volumen gespeicherte Masse; die Speicherwirkung wird somit überschätzt. Es zeigt sich, dass der resultierende Fehler im Austrittsmassenstrom für diese Worst-Case-Betrachtung Spitzenwerte von über 10 % erreicht, wobei die angenommene Verzögerungskonstante des Temperatursensors nur einen geringen Einfluss auf den Maximalwert hat. Jedoch klingt der Fehler umso schneller wieder ab, je geringer die Verzögerung ist.

Durch den Ladeluftkühler tritt die hier angenommene Temperaturdynamik nur in einem kleinen Teil des Luftsystems auf. Da mit sinkendem Volumen auch gespeicherte Masse und Massenänderung im Volumen kleiner werden, wird auch der durch verzögerte Temperaturmessung verursachte Fehler kleiner. Bild 4.4 zeigt den identischen Lastsprung für ein Volumen von nur 5 l. Für diesen - näher an der Realität liegenden - Fall reduziert sich der maximale Fehler im Austrittsmassenstrom auf Werte, die im Bereich der Messgenauigkeit des HFM liegen.

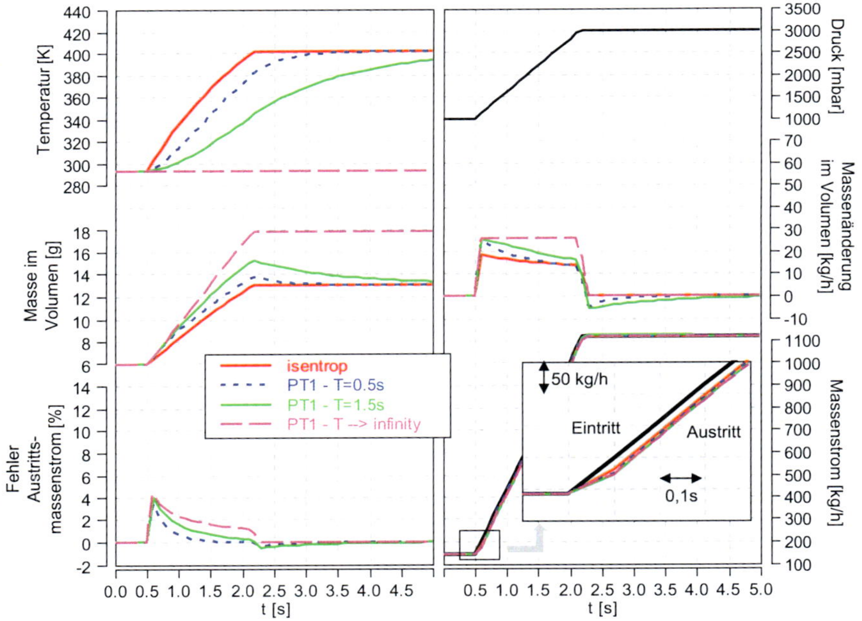

Bild 4.4: Einfluss verzögerter Temperaturmessung am Beispiel einer theoretischen Volllast-beschleunigung
Angenommenes Volumen des Luftsystems: V=5 l

Aus diesen Betrachtungen lässt sich die Schlussfolgerung ziehen, dass der Temperaturmessfehler, der sich im Fall einer Ladedruckänderung ergibt, bei hinreichend dünnen Thermoelementen vernachlässigbare Auswirkungen auf die Berechnung des Speicherverhaltens im Luftsystem hat.

4.3.2 Temperaturänderung durch Mischung von AGR und Frischluft

Die Temperaturänderung durch Mischung von zurückgeführtem Abgas und Frischluft kann aufgrund der hohen Abgastemperaturen größer ausfallen als bei der oben betrachteten Volllastbeschleunigung. Gleichzeitig sind - abhängig von der Luftsystemregelung - prinzipiell größere Temperaturgradienten durch ein schlagartiges Öffnen des AGR-Ventils möglich. Für die Abschätzung des Temperaturmessfehlers und seiner Auswirkungen auf die Massenstromberechnung wird wiederum eine theoretische Worst-Case-Betrachtung durchgeführt. Simuliert wird ein durchströmtes Volumen, das durch Beimischung von heißem Abgas eine schnelle Temperaturänderung erfährt. Vereinfachend wird dabei von einem konstanten einzelnen Eintrittsmassenstrom und einem konstanten Druck im Volumen ausgegangen. Die Abgas-Zumischung wird durch einen aufgeprägten Temperatursprung im Volumen abgebildet.

Die maximale Temperaturänderung lässt sich dabei aus der Differenz der Frischlufttemperatur und der adiabaten Mischungstemperatur ableiten. Nimmt man in erster Näherung für Abgas und Frischluft gleiche spezifische Wärmekapazität an, lässt sich die adiabate Mischungstemperatur in Abhängigkeit der AGR-Rate nach Gl. (3.14), der Frischlufttemperatur und der Temperatur des zurückgeführten Abgases formulieren:

$$T_{mix} = (1 - AGR) \cdot T_{FL} + AGR \cdot T_{AGR} \tag{4.5}$$

Die Abschätzung einer maximalen AGR-Temperatur wird durch die Abkühlung über die AGR-Strecke bzw. den AGR-Kühler erschwert. Für den Versuchsträger gilt jedoch aus Bauteilschutzgründen eine maximale AGR-Temperatur an der Einleitstelle in das Saugrohr von 250°C. Folglich wird dieser Wert für die Worst-Case-Betrachtungen verwendet. Für die Frischluft wird eine Temperatur von 20°C angenommen. Bild 4.5 zeigt einen simulierten Sprung auf 50% AGR innerhalb einer halben Sekunde mit dem nach Gl. (4.5) berechneten Temperaturverlauf. Wiederum sind zwei weitere Temperaturverläufe dargestellt, die einem Sensor mit Verzögerung erster Ordnung entsprechen. Für die gewählten Parameter ergibt sich ein theoretischer Temperatursprung in der gleichen Größenordnung wie für die oben betrachtete Volllastbeschleunigung. Durch den größeren Temperaturgradienten ergibt sich jedoch ein größerer relativer Fehler im Austrittsmassenstrom. Dennoch wird der Fehler durch verzögerte Temperaturmessung auch für diesen Anwendungsfall als tolerierbar angesehen.

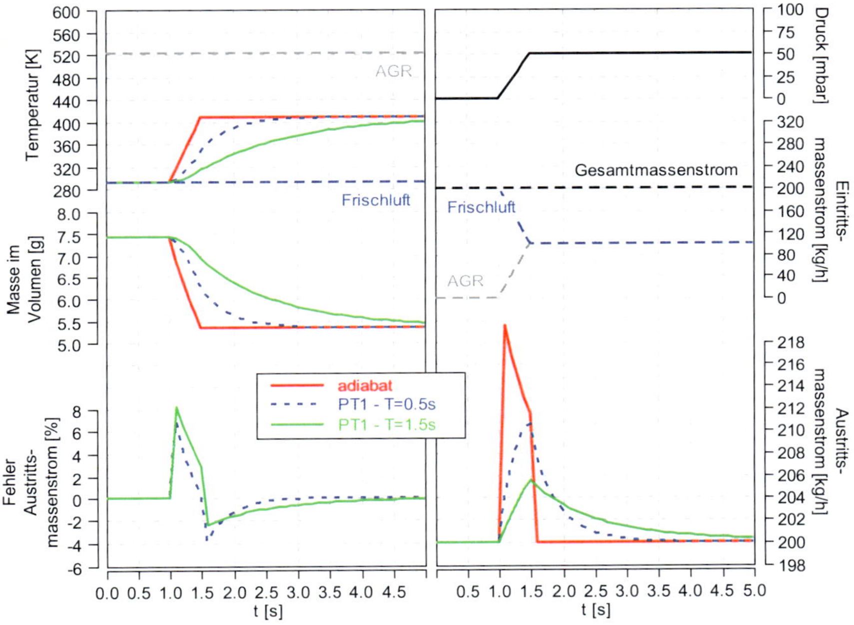

Bild 4.5: Einfluss verzögerter Temperaturmessung im Saugrohr V=5 l

Hinsichtlich der Zeitkonstanten bestätigt sich die Beobachtung aus dem oben betrachteten Fall einer Volllastbeschleunigung: Der Spitzenwert des Fehlers wird in nur geringem Maße von der Zeitkonstanten beeinflusst, der Fehler klingt jedoch mit kleinerer Verzögerung schneller wieder ab.

4.4 Modellierung des Ladeluftkühlers

Aufgabe des Ladeluftkühlers ist die Kühlung der im Verdichter komprimierten Luft. Dementsprechend folgen konstruktive Gestaltung und Positionierung im Fahrzeug der Forderung nach möglichst hohem Wärmeübergang zwischen Umgebung und strömender Luft. Eine Modellierung des Ladeluftkühlers als adiabates Volumen mit homogener Temperaturverteilung ist somit nicht zulässig.

In einem ersten Ansatz wird daher der Ladeluftkühler in Strömungsrichtung weiter unterteilt in kleinere Teilvolumina mit näherungsweise homogener Temperatur, Bild 4.6.

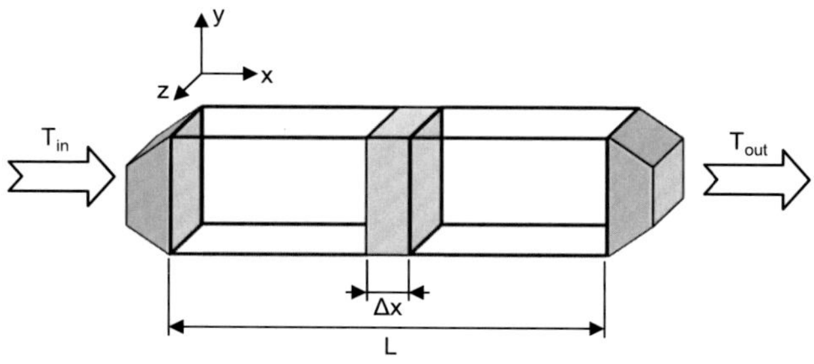

Bild 4.6: Diskretisierung des Ladeluftkühlers

Die im Ladeluftkühler gespeicherte Masse lässt sich dann beschreiben als

$$m_{LLK} = \frac{p_{LLK}}{R} \sum_{i=1}^{n} \frac{V_i}{T_i} = \frac{p_{LLK} A_{yz}}{R} \sum_{i=1}^{n} \frac{\Delta x}{T_i} \tag{4.6}$$

Mit $\Delta x \rightarrow 0$ geht Gl. (4.6) über in:

$$m_{LLK} = \frac{p_{LLK}\ A_{yz}}{R} \int_0^L \frac{1}{T(x)} dx \tag{4.7}$$

Ein in erster Näherung als über den Querschnitt konstanter, in Strömungsrichtung linear angenommener Temperaturverlauf im Ladeluftkühler von T_{in} am Eintritt zu T_{out} am Austritt führt letztendlich auf:

$$T(x) = T_{in} - a\,x \quad mit \quad a = \frac{T_{in} - T_{out}}{L} \tag{4.8}$$

$$m_{LLK} = \frac{p_{LLK}\ A_{yz}}{R} \int_0^L \frac{1}{T_{in} - a\,x} dx = \frac{p_{LLK}\ V_{LLK}}{R(T_{in} - T_{out})} \ln\left(\frac{T_{in}}{T_{out}}\right) \tag{4.9}$$

Mittels Gl. (4.9) lässt sich das dynamische Speicherverhalten des Ladeluftkühlers analog der in Kap. 4.2 beschriebenen Vorgehensweise berechnen.

Durch eine Reihenschaltung mehrerer virtueller Ladeluftkühler lässt sich auch ein komplexerer Temperaturverlauf approximieren, Bild 4.7.

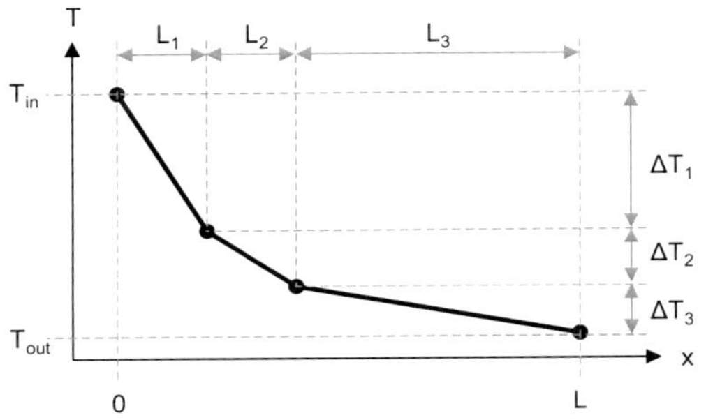

Bild 4.7: Abbildung des Wärmeübertragungsverhaltens im Ladeluftkühler durch Reihenschaltung linearer Teilmodelle

Auf diese Weise können detailliertere Informationen über das Wärmeübergangsverhalten des Ladeluftkühlers eingebracht werden, wenn diese eine Gesetzmäßigkeit hinsichtlich Temperaturänderung über Länge enthalten. Druckverluste werden in der dargelegten Betrachtung vernachlässigt.

4.5 Abgasrückführung und Zylinderfüllung

Die Zumischung von Abgas zur angesaugten Frischluft im Saugrohr führt modellierungstechnisch auf ein Volumen mit zwei Eintrittsmassenströmen und einem Austrittsmassenstrom. Druck, Temperatur und Gaszusammensetzung im Volumen werden wiederum als homogen betrachtet.

Bekannt sind zunächst lediglich Betrag und Zusammensetzung des Frischluft-Eintrittsmassenstroms, der ausgehend vom gemessenen Massenstrom vor Verdichter mit den in den vorigen Kapiteln beschriebenen Methoden berechnet werden kann. Um das Gleichungssystem der Massenerhaltung (Gl. (4.1) und (4.2)) zu schließen, muss demnach noch entweder der zweite Eintrittsmassenstrom oder der Austrittsmassenstrom ermittelt werden, wobei der Austrittsmassenstrom gemäß Bild 4.1 dem Motor-Eintrittsmassenstrom entspricht. In der Literatur finden sich hierzu im Wesentlichen drei Ansätze:

- Berechnung einer Drosselströmung über das AGR-Ventil, z. B. [2].
- Modellierung des motorischen Schluckverhaltens, z.B. [83].
- Füllungserfassung auf Basis des Zylinderdrucks, z. B. [46].

Allen Varianten gemein ist im Kontext der beschriebenen Modellstruktur die Annahme, dass der Sauerstoffgehalt des in das Saugrohr einströmenden Abgasmassenstroms durch den Messwert der serienmäßigen λ-Sonde im Abgas nach Turbine approximiert werden kann. Damit sind die Sauerstoffkonzentrationen aller Eintrittsmassenströme bekannt und die Berechnung der Konzentration im Volumen bzw. im Austrittsmassenstrom ist möglich.

Im Rahmen der vorliegenden Arbeit wurde außerdem eine weitere sensorbasierte Methode zur Modellierung der Abgasrückführung entwickelt, die das Signal einer Breitband-λ-Sonde im Saugrohr auswertet. Da letztlich alle Ansätze aufgrund ihrer spezifischen Vor- und Nachteile Verwendung finden, werden sie im Folgenden näher erläutert. Dabei wird explizit auch auf die jeweiligen Nachteile hingewiesen. In Kap. 4.5.5 wird abschließend eine adaptive Struktur vorgestellt, die die einzelnen Ansätze miteinander verknüpft.

4.5.1 Berechnung einer Drosselströmung über das AGR-Ventil

Betrachtet man das AGR-Ventil als ideale Düse mit veränderlichem Querschnitt, erhält man für reibungsfreie adiabate Strömung die bekannte Beziehung [31]:

$$\dot{m} = A_e \cdot p_1 \cdot \sqrt{\frac{2}{R_1\, T_1}} \cdot \Psi \qquad (4.10)$$

mit der Durchflussfunktion

$$\Psi = \sqrt{\frac{\kappa}{\kappa-1}\left[\left(\frac{p_2}{p_1}\right)^{\frac{2}{\kappa}} - \left(\frac{p_2}{p_1}\right)^{\frac{\kappa+1}{\kappa}}\right]} \qquad (4.11)$$

Der Index 1 kennzeichnet den Zustand vor der Drosselstelle, der Index 2 entsprechend den Zustand nach der Drosselstelle. Der effektive Strömungsquerschnitt wird als Funktion der Ventilstellung in Form einer Kennlinie im Steuergerät hinterlegt.

Der Vorteil dieser direkten Bestimmung des AGR-Massestroms liegt in der einfachen Berechnung und der schnellen Erfassung von Änderungen in der Durchflussgleichung durch schnelle Druckmessung. Als problematisch wird diese Vorgehensweise insbesondere für die Anwendung in der HD-AGR-Strecke angesehen. Die hier auftretenden hochfrequenten Druckpulsationen stellen hohe Anforderungen an die Druckmessung bzw. -modellierung. In praktischen Anwendungsfällen erweist sich eine (zumeist kennfeldbasierte) Kalibrierung am Motorprüfstand als unumgänglich. Da zudem die Temperatur vor der Drosselstelle Eingang in die Bestimmungsgleichung findet, muss die Wirkung des in Strömungsrichtung vor dem Ventil positionierten AGR-Kühlers entsprechend abgebildet werden. In [2] werden die Temperaturen vor und nach der Drosselstelle gleichgesetzt, was mit der Dissipation der Geschwindigkeitsenergie in Wärme unmittelbar nach dem Ventil begründet wird. Auf Basis dieser Überlegungen kann näherungsweise auch die ohnehin vorhandene Temperaturmessstelle nach dem AGR-Ventil genutzt werden. Auf diese Weise kann eine aufwändige Modellierung des Wärmeübergangs im AGR-Kühler entfallen, dessen Charakteristik sich zudem durch Versottungseffekte über Laufzeit signifikant ändern kann.

4.5.2 Modellierung des motorischen Schluckverhaltens

Das motorische Schluckverhalten wird durch die in der DIN 1940 [56] definierten Kenngrößen Liefergrad λ_l und Luftaufwand λ_a beschrieben. Bezugsgröße beider Kenngrößen ist die „theoretische Ladung je Arbeitsspiel“, welche dem Füllen des geometrischen Hubvolumens mit Frischladung vom Außenzustand oder dem Zustand vor dem Einlass entspricht. Während der Liefergrad jedoch nur die nach Abschluss des Ladungswechsels im Zylinder verbleibende Frischladung (ohne Restgas) bewertet, wird im Luftaufwand der gesamte Ladungseinsatz, also die gesamte, dem Zylinder zugeführte Ladungsmenge berücksichtigt:

$$\lambda_a = \frac{Ladungseinsatz\ je\ Arbeitsspiel}{Theoretische\ Ladung\ \ je\ Arbeitsspiel} \tag{4.12}$$

$$\lambda_l = \frac{Frischladung\ je\ Arbeitsspiel}{Theoretische\ Ladung\ \ je\ Arbeitsspiel} \tag{4.13}$$

Findet während der Ventilüberschneidungsphase im Ladungswechsel kein oder nur ein vernachlässigbares Durchspülen von Frischgemisch aus dem Einlasstrakt direkt in den Auslasstrakt statt, sind Liefergrad und Luftaufwand identisch. Diese Voraussetzung kann für abgasturboaufgeladene Dieselmotoren ohne variablen Ventiltrieb aufgrund der üblicherweise sehr kleinen Ventilüberschneidung als erfüllt angesehen werden, zumal die Druckverhältnisse im Regelfall einem Durchspülen vom Einlass- in den Auslasstrakt entgegenstehen.

Demzufolge kann die gesamte Zylindermasse bei ES aus dem Luftaufwand und dem internen Restgas ermittelt werden. Die benötigte Restgasmasse kann z. B. mithilfe des einfachen Ansatzes nach [54] ermittelt werden, s. Gl. (3.15). Als Bezugszustand wird in der vorliegenden Arbeit sinnvollerweise der Saugrohrzustand definiert. Bei Bezug auf die Umgebungsbedingungen müsste eine Modellierung des Luftaufwands den Ladedruck berücksichtigen sowie dynamische Effekte im Luftsystem abbilden.

Um in der Notation eine Abgrenzung zu den in Kap. 3 definierten Luftverhältnissen λ_Z und λ_e sicherzustellen, wird der Luftaufwand im Folgenden gemäß seiner Interpretation als volumetrischer Wirkungsgrad mit η_V bezeichnet. Mit der Diskretisierung des Luftsystems gemäß Bild 4.1 und der Bilanzierung der Zylinderladung nach Gl. (3.3) lautet die Gleichung für η_V:

$$\eta_V = \frac{m_{FL} + m_{AGR}}{m_{Z\,th}} = \frac{(m_{FL} + m_{AGR}) \cdot R \cdot T_{22}}{p_{22} \cdot V_h} \tag{4.14}$$

Ist das Schluckverhalten des Motors bekannt, kann umgekehrt die in den Zylinder eingeströmte Masse auf Basis des Saugrohrzustands berechnet werden. In [78] wird mit Methoden der 1D-Strömungssimulation gezeigt, dass der stationär ermittelte Luftaufwand in guter Näherung auch für den dynamischen Betrieb verwendet werden kann. Mit der Motordrehzahl n_{Eng}, der Taktzahl k und der Zylinderanzahl z erhält man:

$$\dot{m}_{Eng\,in} = -\dot{m}_{V22\,out} = \eta_V \cdot \frac{p_{22} \cdot V_h}{R \cdot T_{22}} \cdot n_{Eng} \cdot k \cdot z \tag{4.15}$$

Für abgasturboaufgeladene Dieselmotoren ohne Variabilität im Ventiltrieb liegt der saugrohrbezogene Luftaufwand im stationären Betrieb typischerweise in einem Bereich zwischen 0,82 und 0,97.

Die Berechnung der Zylindermasse über ein Luftaufwandmodell stellt eine sehr robuste Methode mit begrenztem Fehler dar, da alle benötigten Größen gut messbar sind und das Schluckverhalten des Motors sich über Laufzeit nicht wesentlich ändert.

Um eine geeignete Modellstruktur zu bestimmen, wird der Luftaufwand im Folgenden detaillierter betrachtet, da dieser entgegen verbreiteter Meinung nicht ausschließlich von der Drehzahl abhängt. Diesen Betrachtungen zugrunde liegt dabei die Fragestellung, welche Faktoren das Schluckverhalten des Motors signifikant beeinflussen und welche Modelleingangsgrößen daraus abzuleiten sind.

Phänomenologisch lassen sich alle denkbaren Einflussfaktoren auf drei Effekte abbilden:

- Druckverhältnis am Einlassventil:
  Der Luftaufwand wird für einen mittleren Saugrohrdruck berechnet. Der Massenstrom über das Einlassventil hängt jedoch von den Druckverhältnissen am Einlassventil ab. Pulsationen im Saugrohr, die durch die intermittierenden Öffnungs- und Schließvorgänge der Ventile der einzelnen Zylinder angeregt werden, können zu Überhöhungen oder Absenkungen des Massenstroms über das Einlassventil führen. Die Pulsationscharakteristik ist dabei abhängig von der Geometrie des Einlasstrakts, den Ventilsteuerzeiten, der Drehzahl und der Temperatur im Saugrohr. Auch die Position eventueller Stellorgane zur Beeinflussung der Ladungsbewegung (Drallklappen) kann Einfluss auf das Schwingverhalten im Saugrohr nehmen. Die Steuerzeiten beeinflussen darüber hinaus durch die kinematische Kopplung zwischen Kurbel- und Ventiltrieb auch den Druckverlauf im Zylinder und somit direkt das Druckverhältnis am Ventil.
- Drosselung durch Änderung des effektiven Strömungsquerschnitts:
  Die Ventilsteuerzeiten der Einlassventile definieren gemeinsam mit der Form der Ventilhubkurve den verfügbaren Strömungsquerschnitt. Analoges gilt für die Drallklappe, die einen Einlasskanal ganz oder teilweise verschließen kann.
- Temperaturänderung durch Wärmeeintrag in das einströmende Gas:
  Während des Einströmvorgangs in den Zylinder findet ein Wärmeaustausch zwischen Wand (Einlasskanal, Ventilspalt, Brennraum) und Gas statt. Im Zylinder vermischt sich das einströmende Gas weiterhin mit dem heißen Restgas, wobei ebenfalls ein Wärmeübergang stattfindet. Die Ausdehnung des sich erwärmenden Gases reduziert so die mögliche Zylinderfüllung (thermische Drosselung). Der Grad der Erwärmung ist abhängig von der Gastemperatur im Saugrohr, den Wandtemperaturen in Zylinderkopf und Brennraum, der Restgasmasse und -temperatur, der Strömungsturbulenz, der spezifischen Wärmekapazität des Gases und dem Massenstrom (absolute Wärmekapazität).

Aus diesen Betrachtungen lassen sich für die Modellierung des Luftaufwands folgende motorische Parameter als potentielle Eingangsgrößen ableiten:

- Drehzahl und Last

- Saugrohrdruck und -temperatur
- Abgasdruck
- Motortemperatur
- Drallklappenstellung
- Gaszusammensetzung im Saugrohr

Da der Versuchsträger keine Variabilität im Ventiltrieb besitzt, wird der Einfluss der Steuerzeiten und Ventilhubverläufe nicht weiter untersucht. Gleiches gilt für die Geometrie von Saugrohr und Einlasskanälen. Die querschnittsvermindernde Wirkung der Drallklappe kann, basierend auf experimentellen Untersuchungen am Motorprüfstand, vereinfacht in einem linearen Korrekturfaktor für den Luftaufwand berücksichtigt werden, Bild 4.8.

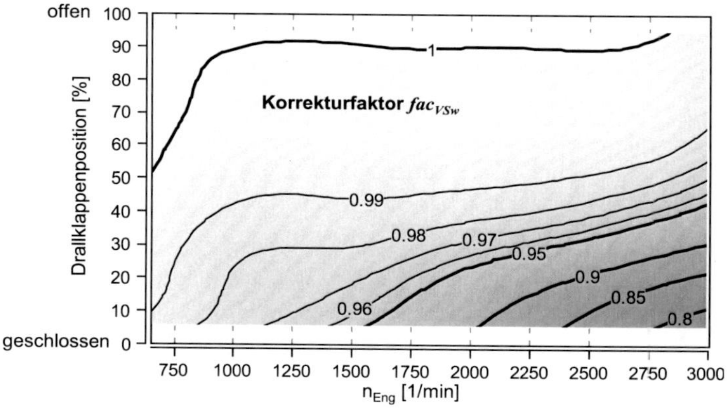

Bild 4.8: Korrekturfaktor für den Luftaufwand als Funktion von Drehzahl und Drallklappenstellung

Der Einfluss von Saugrohrdruck und -temperatur, Abgasdruck, Zylinderwandtemperatur und Gaszusammensetzung wird mit Hilfe nulldimensionaler Simulationen detaillierter untersucht. Last und Drehzahl werden dabei durch Betrachtung mehrerer Betriebspunkte berücksichtigt.

Den schematischen Ablauf der Untersuchungen zeigt Bild 4.9. Ausgangspunkt ist eine thermodynamische Gesamtanalyse (TGA) eines am Prüfstand vermessenen Lastpunktes, bestehend aus Druckverlaufs- und Ladungswechselanalyse. Grundlagen und Berechnungsverfahren der nulldimensionalen Kreisprozessrechnung sind u. a. in [7] beschrieben. Auf Basis von Energieerhaltung (1. Hauptsatz der Thermodynamik), Massenerhaltung und thermischer Zustandsgleichung können der zeitliche Verlauf der Wärmefreisetzung (Brennverlauf), der interne Restgasgehalt bei ES und der zeitlich aufgelöste thermodynamische Zustand im Zylinder bestimmt werden. Die TGA wurde mit der Analyse-Software TIGER der Fa. EnginOs durchgeführt. Die benötigten kalorischen Stoffgrößen wurden nach Zacharias [88] bestimmt, der Wandwärmeübergang im Zylinder nach Woschni [87].

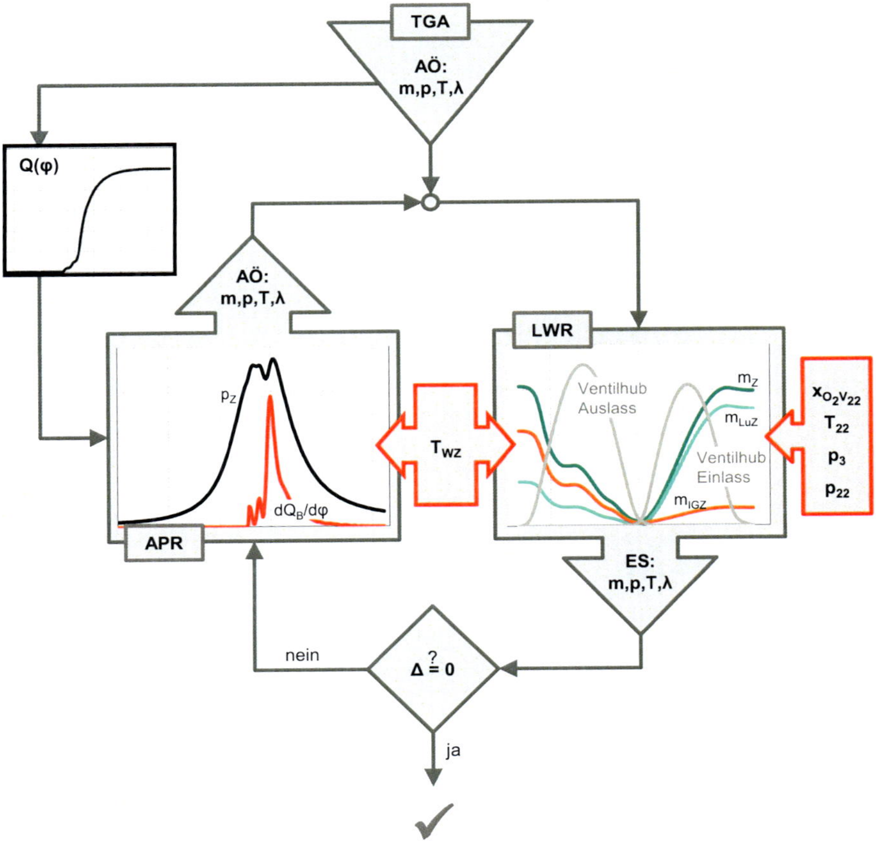

Bild 4.9: Schematische Darstellung der Kreisprozessrechnung mit Parametervariation

Mit dem ermittelten thermodynamischen Zustand zu Beginn des Ladungswechsels (AÖ - Auslass Öffnet) und der berechneten Energieumsatzrate (Brennverlauf) werden anschließend Variationen der oben genannten Parameter mittels Arbeitsprozessrechnung (APR) und Ladungswechselrechnung (LWR) durchgeführt. Die iterative Berechnung des Kreisprozesses wird abgebrochen, sobald sich der thermodynamische Zustand bei ES nicht mehr signifikant ändert, was in der Regel nach zwei bis drei Zyklen der Fall ist. Auf diese Weise kann das Füllungsverhalten des Motors in Abhängigkeit der Variationsparameter untersucht werden. Die Interpretation der Ergebnisse muss jedoch unter Beachtung der Grenzen einer solchen nulldimensionalen Simulation erfolgen:

- Variationen der mittleren Saugrohr- und Abgasdrücke werden durch lineare Transformationen der gemessenen Niederdruckverläufe simuliert. Eine Änderung der Phasenlage der Schwingungen im Saugrohr kann somit nicht erfasst werden. Da die Phasenlage jedoch maßgeblich von Anregungsfrequenz (Drehzahl und Ventilsteuerzeiten) und Geometrie abhängt, werden lediglich die Phasenänderungen nicht erfasst, die durch Änderungen der Temperatur im Saugrohr oder die Drallklappenstellung verursacht würden.
- Der Arbeitsprozess wird mit der durch die Druckverlaufsanalyse errechneten Energieumsatzrate berechnet. Eventuelle Einflüsse der Variationsparameter auf diese Umsatzrate können nicht abgebildet werden. Änderungen der Umsatzrate würden sich im Hinblick auf die Untersuchung des Ladungswechsels insbesondere auf den Zustand bei AÖ auswirken, der Restgasgehalt und -temperatur beeinflusst.

Trotz dieser Randbedingungen können aus sinnvoll dimensionierten Variationen der genannten Parameter belastbare Informationen bzgl. des Füllungsverhaltens des Motors gewonnen werden.

In Bild 4.10 sind für einen exemplarischen Betriebspunkt die Zylindermasse bei ES und der Luftaufwand in Abhängigkeit von jeweils einem Variationsparameter dargestellt, während die restlichen Variationsparameter jeweils konstant gehalten wurden.

Die Zusammensetzung des einströmenden Gases wird dabei durch die Sauerstoffkonzentration repräsentiert. Die Gaszusammensetzung wirkt sich über die Stoffeigenschaften theoretisch auf den Wärmeübergang während des Einlassvorgangs aus. Der Einfluss auf Luftaufwand und Füllung ist jedoch Bild 4.10 a zufolge vernachlässigbar. Es ist dabei zu beachten, dass ein eventueller Einfluss auf Zündverzug und Brennverlauf hier nicht abgebildet wird.

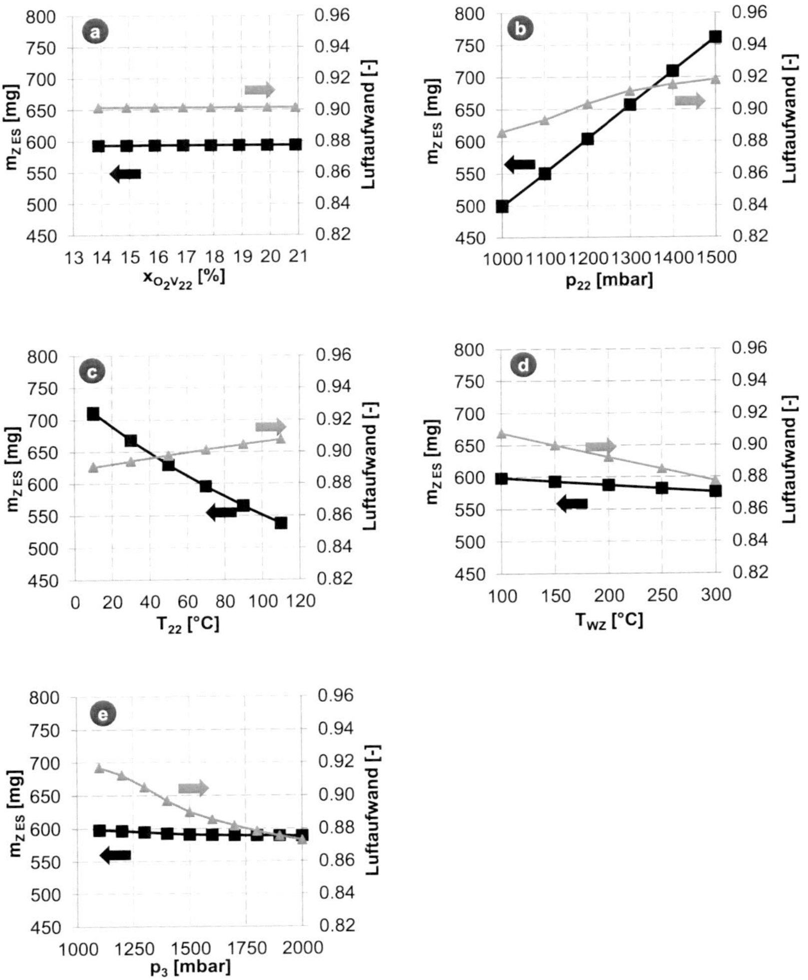

Bild 4.10: Exemplarische Darstellung der Ergebnisse nulldimensionaler Parametervariationen zur Untersuchung des Füllungsverhaltens für den Betriebspunkt 1500/8 (s. Kap. 5.2.1, Bild 5.1)

Mit steigendem Saugrohrdruck nähme bereits für konstanten Luftaufwand die Füllung linear zu. Durch den steigenden Massenstrom sinkt gleichzeitig der spezifische

Wärmeeintrag von der Zylinderwand in das Gas, sodass in der Folge auch der Luftaufwand mit zunehmendem Saugrohrdruck steigt, Bild 4.10 b.

Mit steigender Gastemperatur im Saugrohr sinkt die Dichte, und mit der Dichte sinkt bei gleichen Druckverhältnissen der Massenstrom über die Einlassventile, die Füllung sinkt. Durch die schon vor dem Einströmvorgang erhöhte Gastemperatur sinkt die Temperaturdifferenz zwischen Zylinderwand und Gas, so dass der Wärmeeintrag in das Gas und damit der thermische Drosseleffekt sinken. Im saugrohrbezogenen Luftaufwand äußert sich dies durch einen mit der Saugrohrtemperatur steigenden Verlauf trotz abnehmender Füllung, Bild 4.10 c.

Umgekehrt steigt mit zunehmender Zylinderwandtemperatur der Wärmeeintrag in das einströmende Gas. Folgerichtig ergibt sich mit zunehmender Wandtemperatur ein sinkender Luftaufwand, Bild 4.10 d.

Ein auffällig deutliches Absinken des Luftaufwands ist für zunehmenden Abgasdruck zu beobachten, Bild 4.10 e. Ursache hierfür ist ein nennenswerter Anstieg der heißen Restgasmasse und das erhöhte Druckniveau im Zylinder beim Öffnen des Einlassventils, was zunächst zu einem signifikanten Rückströmen aus dem Zylinder in den Einlasskanal führt, bevor Frischgas in den Zylinder strömt. Beide Effekte reduzieren die Masse an eingeströmtem Frischgas bei ES, obwohl die Gesamtmasse im Zylinder kaum Veränderungen zeigt.

Allen Variationen gemein ist ein stetiger Verlauf des Luftaufwands über dem Variationsparameter, der sich in guter Näherung durch eine Gerade beschreiben lässt. Der Gradient grd dieser Ausgleichsgeraden kann somit als relativer Kennwert für die Reaktion des Luftaufwands auf den jeweiligen Parameter angesehen werden. Mit Untersuchung mehrerer Betriebspunkte lässt sich so für die relevanten Parameter Saugrohrdruck, Saugrohrtemperatur, Abgasdruck und Zylinderwandtemperatur jeweils ein Kennfeld erstellen, das die Reaktion des motorischen Schluckverhaltens auf Änderungen des jeweiligen Parameters beschreibt, Bild 4.11.

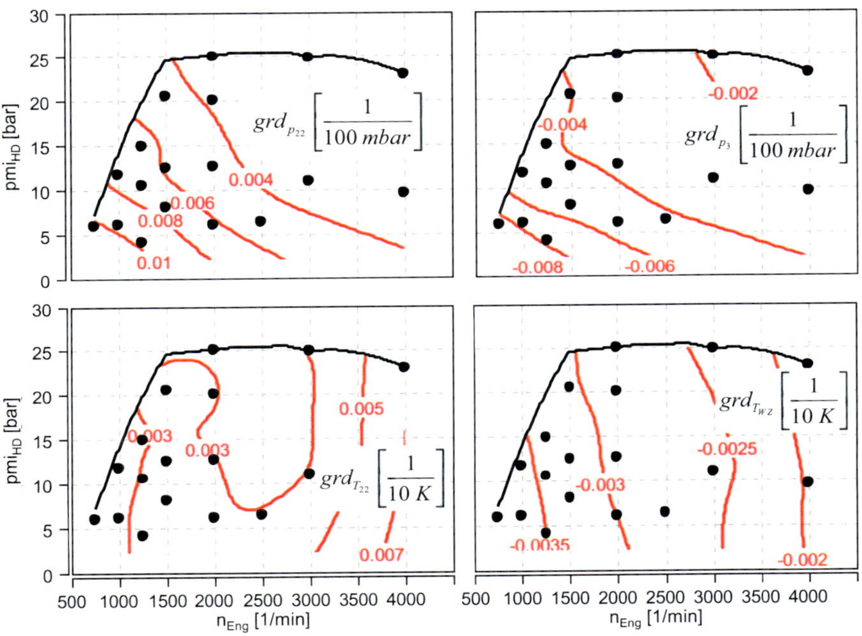

Bild 4.11: Sensitivität des Luftaufwands: Änderung des Luftaufwands gegenüber Saugrohrdruck und -temperatur, Zylinderwandtemperatur und Abgasdruck.

Ausgehend von den gewonnenen Erkenntnissen kann nun ein physikalisch motiviertes halbempirisches Modell des Luftaufwands entworfen werden. Den schematischen Aufbau zeigt Bild 4.12. Im Steuergerät hinterlegt wird ein am Motorprüfstand mit vollständig geöffneter Drallklappe ermitteltes Basis-Kennfeld des Luftaufwands. Ebenfalls abgespeichert werden auch die in den vorigen Abschnitten identifizierten relevanten Einflussgrößen, in Bild 4.12 ebenfalls als Basiskennfelder (Index BAS) bezeichnet. Im Betrieb kann dann mittels der Abweichung zwischen dem aktuellen Wert einer Einflussgröße und dem gespeicherten Basiswert sowie dem zugehörigen Gradienten ein Offset ofs zum Basis-Luftaufwand errechnet werden. Mit dem Korrekturfaktor für die jeweilige Drallklappenstellung fac_{VSw}, s. Bild 4.8, ergibt sich letztendlich der korrigierte Schätzwert $\eta_{V\,Cor}$ für den aktuellen Luftaufwand.

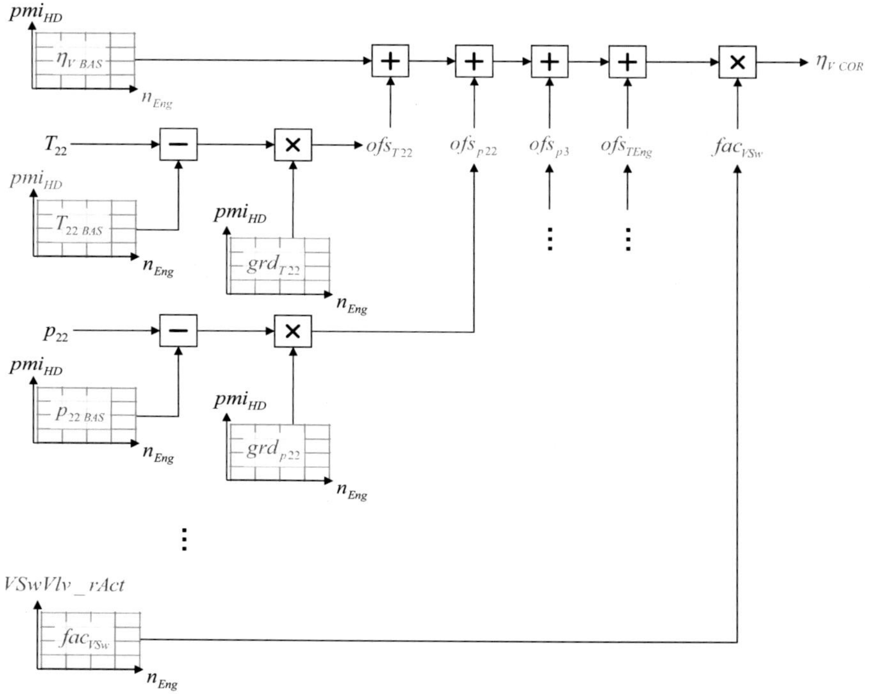

Bild 4.12: Schematischer Aufbau des Luftaufwand-Modells

Saugrohrdruck und -temperatur sowie Abgasdruck können direkt gemessen werden. Die Zylinderwandtemperatur, die in der nulldimensionalen Berechnung als zeitlich und örtlich konstante Ersatztemperatur zur Berechnung des Wandwärmeübergangs verwendet wird, entzieht sich einer messtechnischen Erfassung. Zur Beurteilung des Wandtemperatureinflusses wird daher auf die Kühlwassertemperatur am Motoraustritt zurückgegriffen. Dabei wird der Modellstruktur entsprechend die Differenz der Wandtemperaturen durch die Differenz der Kühlmitteltemperaturen approximiert. Dies kann zwar nur als grobe Näherung betrachtet werden, wird jedoch zunächst als ausreichend betrachtet, um Kaltstart und Warmlauf in der Modellierung des Luftaufwands zu berücksichtigen.

4.5.3 Füllungserfassung auf Basis des Zylinderdrucks

Die Zylindermasse kann mittels der thermischen Zustandsgleichung aus dem Zylinderdruck errechnet werden, Gl. (3.1).

Mit einer zylinderdruckbasierten Füllungserfassung ist prinzipiell eine zylinderindividuelle Betrachtung möglich, was ein Alleinstellungsmerkmal dieser Methode darstellt. Voraussetzung ist die Kenntnis der Temperatur im Zylinder, die durch Modelle bereitgestellt werden muss. Anspruchsvoll und mit großen Unsicherheiten behaftet ist hierbei die Modellierung des Wärmeübergangs im Einlasstrakt. Ansätze hierzu finden sich u. a. in [40][46][89], eine simulative wie experimentelle Bewertung der Gleichungen nach Zapf [89] wird in [62] vorgestellt.

Neben der Modellierung des Wärmeübergangs müssen auch hohe Ansprüche an Zylinderdruckmessung und Signalverarbeitung gestellt werden. Schlagworte hierzu sind z. B. Nulllininienfindung, Lastwechseldrift, Thermoschock etc. Aber auch Drehwinkelerfassung und Alterungseffekte stellen die im Prüfstandsumfeld etablierte Methodik der Zylinderdruckindizierung im Fahrzeug vor neue Herausforderungen.

Umfassende Betrachtungen zur Brennraum-Druckindizierung und Nutzung des Drucksignals im Motormanagement sind u. a. in [32] und [37] zu finden. In [9] wird darüber hinaus eine echtzeitfähige thermodynamische Gesamtprozessanalyse unter Berücksichtigung von Niederdruckverläufen vorgestellt, die auch die einzelnen Massenanteile im Zylinder quantifizieren kann. Die thermodynamische Prozessrechnung bildet sicherlich den konsequentesten Ansatz zur Nutzung von kurbelwinkelaufgelösten Druckinformationen, stellt jedoch auch die höchsten Anforderungen an Messtechnik, Signalverarbeitung und Rechenleistung.

Mittlerweile sind serientaugliche Zylinderdrucksensoren verfügbar und im Einsatz. Auch der Versuchsträger der vorliegenden Arbeit (vgl. Kap. 5.1) verfügt auf zwei von sechs Zylindern über Drucksensor-Glühkerzen der Fa. Beru [12]. Signalerfassung und -verarbeitung sowie die Berechnung der Indizierkennwerte (indizierter Mitteldruck des Hochdruckprozesses pmi_{HD} und 50%-Umsatzlage des Heizverlaufs $U50$) erfolgt in der Steuergeräte-Software. Als Schnittstelle zum Rapid-Prototyping-System stehen neben den Indizierkennwerten lediglich drei Druckwerte zu definierbaren Zeitpunkten (°Kurbelwinkel) zur Verfügung. Ein Zugriff auf den gesamten Druckverlauf ist aus Rechenzeitgründen nicht möglich. Dies und die lediglich zwei Drucksensoren schränken das Potential einer zylinderdruckbasierten Füllungserfassung zumindest für die vorliegende Arbeit stark ein:

- Da nicht alle Zylinder indiziert werden, entfällt die Möglichkeit einer zylinderselektiven Betrachtung.

- Aus lediglich drei Druckwerten ergibt sich ein stark verrauschtes Drucksignal für den Druck bei ES und somit auch ein stark verrauschter Wert für die Zylindermasse.

Bild 4.13 zeigt für einen konstanten Betriebspunkt das aus drei Druckwerten in der Kompression zurückgerechnete Drucksignal bei ES.

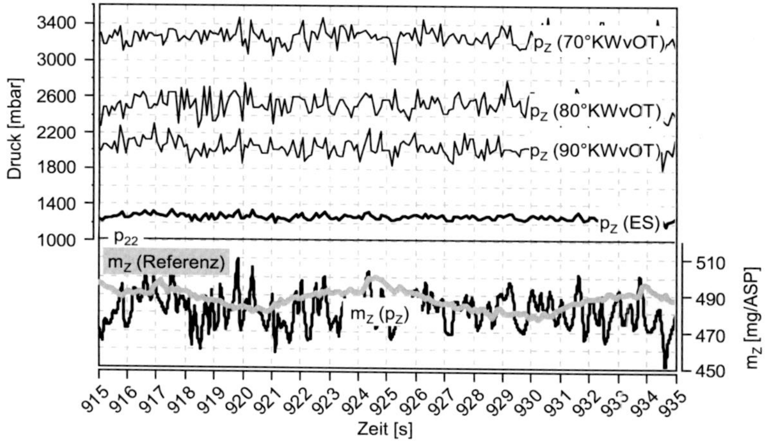

Bild 4.13: Signalqualität der auf Basis des Zylinderdrucks errechneten Zylinderfüllung; berechnet mit einer angenommenen Temperatur bei ES T_{ES}= 140°C

Die Messung in der Kompression stellt ein bewährtes Mittel dar, den Signal-Rausch-Abstand zu vergrößern. Unter Annahme eines vernachlässigbaren Wandwärmeübergangs in der Kompression kann mithilfe der Volumenfunktion nach Gl. (3.2) über eine polytrope Zustandsänderung aus der Kompression auf den Zeitpunkt ES zurückgerechnet werden, Gl. (4.16).

$$p_{(\varphi 1)} = p_{(\varphi 2)} \left(\frac{V_{Z(\varphi 2)}}{V_{Z(\varphi 1)}} \right)^{n} \tag{4.16}$$

Nimmt man an, dass sich die Temperatur bei ES für einen konstanten Betriebspunkt nicht wesentlich ändert, ist das Drucksignal proportional zu einer daraus berechneten Masse.

In Bild 4.13 ist neben dem Drucksignal auch die mit einer angenommenen Temperatur von 140°C berechnete Zylindermasse dargestellt, um einen Eindruck von der erreichbaren Signalqualität zu vermitteln. Zum Vergleich ist die mittels modelliertem Luftaufwand nach Kap. 4.5.2 ermittelte Zylindermasse eingezeichnet. Der Unterschied in der Signalqualität ist deutlich erkennbar. Die auf Basis des Zylinderdrucks errechnete Zylindermasse muss daher - zumindest für die untersuchte Konfiguration - als unzureichend bewertet werden.

4.5.4 Füllungserfassung mittels der gemessenen Sauerstoffkonzentration im Saugrohr

Im Rahmen der vorliegenden Arbeit wurde eine weitere sensorbasierte Möglichkeit zur Modellierung der Abgasrückführung entwickelt. Mittels einer Breitband-λ-Sonde wird die Sauerstoffkonzentration im modellierten Volumen direkt erfasst. Bild 4.14 zeigt eine schematische Darstellung des Saugrohrs als AGR-Mischstrecke (Ersatzvolumen V_{22} nach Bild 4.1).

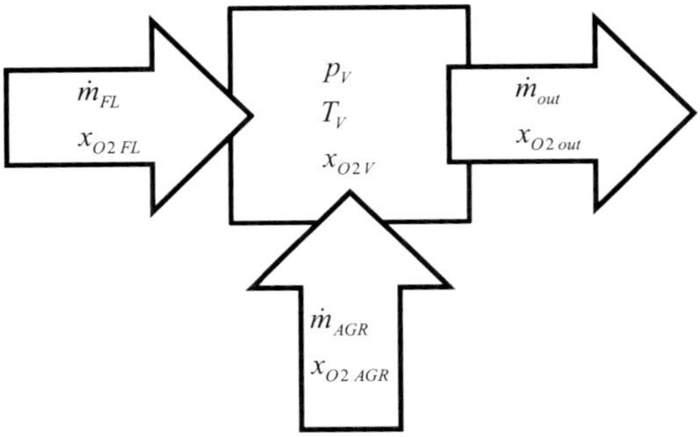

Bild 4.14: Schematische Darstellung der AGR-Mischstrecke

Im Vergleich zu Bild 4.2 sind in dieser Darstellung alle Massenströme um die Information der volumetrischen Sauerstoffkonzentration ergänzt. Der Sauerstoffgehalt von Luft ist bekannt, und die Abgas-Sauerstoffkonzentration wird von der λ-Sonde in der Abgasanlage erfasst. Setzt man im Volumen eine homogene Gaszusammensetzung voraus, entspricht die Ausgangs-Sauerstoffkonzentration der gemessenen

Sauerstoffkonzentration im Volumen. Somit bleiben als unbekannte Größen der AGR-Massenstrom und der Austrittsmassenstrom.

Für den Zusammenhang zwischen der von den λ-Sonden gemessenen Volumenkonzentration x und der Massenkonzentration w gilt gemäß Kap. 3.2:

$$w_{O2} \approx \frac{x_{O2}}{0{,}905} \tag{4.17}$$

Die Massenerhaltung nach Gleichung (4.2) kann natürlich ebenso für die ausschließliche Betrachtung der Sauerstoffmassenanteile formuliert werden:

$$\frac{dm_{O_2 V}}{dt} = \sum \dot{m}_{O_2\, in} + \sum \dot{m}_{O_2\, out} \tag{4.18}$$

Die Gleichungen (4.1), (4.2), (4.17) und (4.18) auf den vorliegenden Fall angewandt bilden ein Gleichungssystem, aus dem sich schließlich Bestimmungsgleichungen für den Austrittsmassenstrom und den AGR-Massenstrom extrahieren lassen:

$$\dot{m}_{out} = \frac{x_{O_2\, AGR} \cdot \left(\frac{dm_V}{dt} - \dot{m}_{FL} \right) + x_{O_2\, FL} \cdot \dot{m}_{FL} - 0{,}905 \cdot \frac{dm_{O_2 V}}{dt}}{x_{O_2\, AGR} - x_{O_2 V}} \tag{4.19}$$

$$\dot{m}_{AGR} = \frac{x_{O_2 V} \cdot \left(\frac{dm_V}{dt} - \dot{m}_{FL} \right) + x_{O_2\, FL} \cdot \dot{m}_{FL} - 0{,}905 \cdot \frac{dm_{O_2 V}}{dt}}{x_{O_2 V} - x_{O_2\, AGR}} \tag{4.20}$$

Die Änderung der gespeicherten Sauerstoffmasse wird wiederum über den Differenzenquotienten approximiert, die gespeicherte Sauerstoffmasse aus gespeicherter Gesamtmasse und Sauerstoffkonzentration ermittelt.

Damit steht prinzipiell ein fahrzeugtaugliches Konzept zur messtechnischen Erfassung der Mischungsvorgänge im Saugrohr zur Verfügung. Allerdings werden hierfür einige Annahmen getroffen, deren Gültigkeit im Hinblick auf hochdynamischen Motorbetrieb kritisch zu hinterfragen ist:

- Eine homogene Gaszusammensetzung im modellierten Volumen setzt die sofortige vollständige Durchmischung von Frischluft und Abgas voraus. Wie gut diese Näherung zutrifft, hängt von Form und Größe des Saugrohrs und den Positionen der Abgas-Einleitung und der λ-Sonde ab.

- Die Zusammensetzung des AGR-Massenstroms an der Einleitstelle in das Saugrohr wird durch eine Messung im Abgas nach ATL approximiert. Diese Näherung setzt identische Gaslaufzeiten zwischen AGR-Entnahme und Einleitung in das Saugrohr einerseits und zwischen AGR-Entnahme und Position der λ-Sonde im Abgas andererseits voraus. Auch die Positionierung der λ-Sonde in der Abgasanlage hinsichtlich der Anströmung ist entscheidend.
- Mit der Differenz der Sauerstoffkonzentrationen im Nenner der Gleichungen (4.19) und (4.20) sind diese nur für unterschiedliche Konzentrationen definiert. Weiterhin wird die Berechnung für sehr kleine Sauerstoffdifferenzen instabil und extrem sensitiv gegenüber Messfehlern.

Als Worst-Case hinsichtlich der genannten Unsicherheiten kann der Übergang aus einer längeren Schubphase in den gefeuerten Betrieb mit AGR gelten. Im Schub, ohne Einspritzung und Verbrennung, wird das gesamte Gassystem inklusive Abgasanlage von reiner Luft durchströmt. Mit Beginn der Einspritzung wird die AGR-Regelung aktiviert und das AGR-Ventil geöffnet. Der in das Saugrohr einströmende „Abgas"-Massenstrom besteht dabei zunächst aus Luft bzw. aus verbliebenem Abgas in der AGR-Strecke mit unbekannter Zusammensetzung. Die Sauerstoffkonzentrationen in Saugrohr und Abgas sind im Extremfall identisch. Bild 4.15 zeigt einen solchen Fall. Neben den Sauerstoffkonzentrationen in Saugrohr und Abgas sowie der AGR-Ventil-Stellung sind auch die nach den bisher beschriebenen Methoden ermittelten AGR-Massenströme und der jeweils entsprechende Luftaufwand dargestellt.

Hinsichtlich des zeitlichen Reaktionsverhaltens kann die Berechnung des AGR-Massenstroms als Drosselströmung nach Gl. (4.10) als Referenz angesehen werden, da sie im Wesentlichen auf nahezu verzögerungsfreien Druckmessungen basiert. Eingeschränkt vertrauenswürdig ist jedoch - wie in Kap. 4.5.1 ausgeführt - das quantitative Ergebnis der Drosselberechnung.

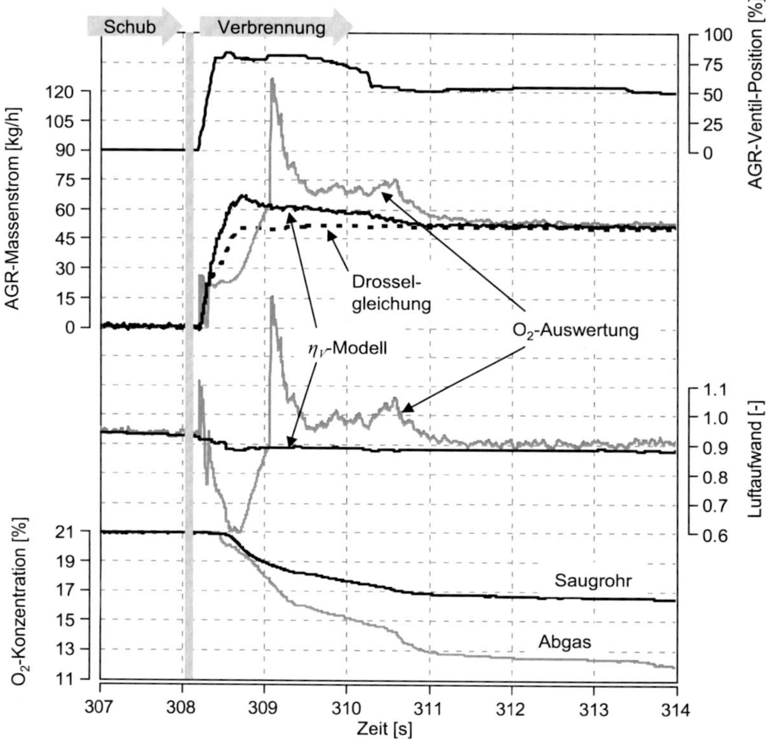

Bild 4.15: Methodenvergleich: AGR- und Füllungsberechnung für den Übergang aus dem Schub in den gefeuerten Betrieb

Im Vergleich deutlich erkennbar ist das verzögerte Ansprechen der λ-Sonde im Abgas. Die Verzögerungszeit zwischen Einspritzbeginn und Reaktion der Sonde resultiert dabei prinzipiell aus der Gaslaufzeit von Auslassventil bis Sondenposition und der sensorischen Ansprechzeit. Am Versuchsträger ist die λ-Sonde aufgrund beengter Bauraumverhältnisse zudem relativ strömungsungünstig im Diffusor zwischen ATL und Oxidationskatalysator positioniert, sodass aufgrund unzureichender Anströmung eine zusätzliche Verzögerung entsteht. In der Folge ergeben sich Inkonsistenzen in der Berechnung des AGR-Massenstroms und der Füllung, die zu einem unplausiblen Verlauf des Luftaufwands führen. Auch die erwähnte Instabilität in der Berechnung nach Gl. (4.19) und (4.20) bei geringen Sauerstoffdifferenzen ist direkt nach Öffnen des AGR-Ventils sehr gut erkennbar.

Der entsprechend Kap. 4.5.2 modellierte Luftaufwand führt auf einen AGR-Massenstrom, dessen Zeitverhalten keinerlei Nachteil gegenüber der als Referenz betrachteten Drosselströmung aufweist. Quantitativ hängt der berechnete AGR-Massenstrom von der Güte der Luftaufwand-Modellierung ab.

4.5.5 Kombinierte adaptive Funktionsstruktur für die Füllungserfassung

Alle in den vorangegangenen Kapiteln beschriebenen Methoden zur Berechnung der Mischungsvorgänge im Saugrohr weisen spezifische Vor- und Nachteile auf. Maximaler Informationsgewinn ist dementsprechend nur durch eine geeignete Verknüpfung mehrerer Informationsquellen zu erreichen.

Zu diesem Zweck wurde die in Bild 4.16 schematisch dargestellte Funktionsstruktur entwickelt und im Rapid-Prototyping-System implementiert. Das in Kap. 4.5.2 beschriebene Luftaufwandsmodell wird in der vereinfachten Darstellung durch den mit η_V gekennzeichneten Block symbolisiert, die Modellierung auf Basis der Sauerstoffkonzentrationen entsprechend Kap. 4.5.4 durch den mit O_2 gekennzeichneten Block. Die zylinderdruckbasierte Füllungserfassung wird in der vorliegenden Arbeit aufgrund der in Bild 4.13 gezeigten unzureichenden Signalqualität nicht weiter verfolgt.

Basis der modularen Struktur ist das Luftaufwandmodell. Die Berechnung ist robust, schnell und benötigt ein Minimum an sensorischen Eingangsdaten. Der errechnete Luftaufwand wird mit einem kennfeldbasierten adaptiven Korrekturfaktor korrigiert und gemäß Gl. (4.15) in den Motor-Eintrittsmassenstrom umgerechnet. Der Sauerstoffgehalt des in den Motor einströmenden Gases wird direkt von der λ-Sonde im Saugrohr erfasst.

Der adaptive Korrekturfaktor wird in bestimmten Betriebszuständen aus dem Vergleich zwischen Luftaufwandmodell und O_2-basierter Modellierung ermittelt und in einem Kennfeld abgelegt, wobei der O_2-basierten Modellierung in diesen Betriebszuständen der höhere Wahrheitsgehalt zugesprochen wird. Auf diese Weise wird eine Restfehler-Adaption des Luftaufwandmodells realisiert.

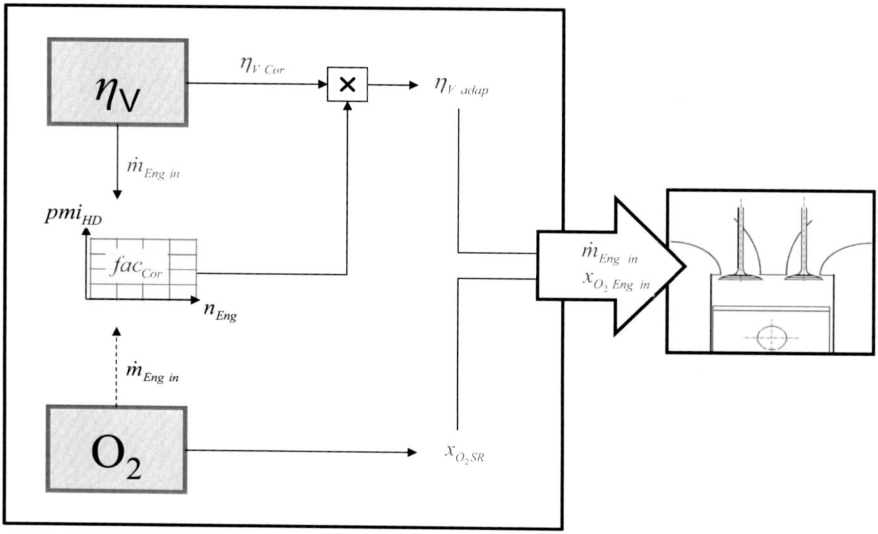

Bild 4.16: Schematische Darstellung der adaptiven Funktionsstruktur zur Berechnung der Abgasrückführung und Zylinderfüllung

Geeignete Betriebszustände für die Adaption müssen dabei folgende Kriterien erfüllen:

- Vernachlässigbare AGR-Dynamik (z. B. detektierbar anhand des Gradienten des als Drosselströmung berechneten AGR-Massenstroms, Kap. 4.5.1)
- Ausreichend große Differenz der Sauerstoffkonzentrationen in Abgas und Saugrohr
- Sicherstellung der korrekten Strömungsrichtung in der AGR-Strecke (d. h. insbesondere, dass der Abgasdruck deutlich über dem Saugrohrdruck liegen muss, was im hochdynamischen Betrieb nicht immer gegeben sein muss)

Auf Basis dieses Restfehler-Kennfelds ist auch eine Plausibilisierung der Füllungsmodellierung beispielsweise zur Drifterkennung über Laufzeit möglich.

Bei geschlossenem AGR-Ventil entspricht das Saugrohr modellierungstechnisch einem einfachen Speicherelement mit bekanntem Eintrittsmassenstrom. Der Austrittsmassenstrom kann folglich einfach gemäß Kap. 4.2 berechnet werden. Eventuelle Abgasrückstände im Saugrohr werden weiterhin durch die Lambdasonde erfasst.

In jedem Fall wird dem Zylinder als gekapseltem Berechnungs-Modul ein Motor-Eintrittsmassenstrom mit zugehöriger Sauerstoffkonzentration übergeben, so dass die Berechnung der charakteristischen Kenngrößen im Zylinder unabhängig von der Berechnung der Mischungsvorgänge im Saugrohr formuliert werden kann.

4.5.6 Berechnung der charakteristischen Kenngrößen im Zylinder

Die in den Zylinder eingeströmte Masse ergibt sich aus Motor-Eintrittsmassenstrom, Zylinderanzahl, Taktzahl und Drehzahl:

$$m_{Z\,in} = m_{FL} + m_{AGR} = \frac{\dot{m}_{Eng\,in}}{n_{Eng} \cdot k \cdot z} \tag{4.21}$$

Die Zylindermasse setzt sich aus eingeströmter Masse und interner Restgasmasse zusammen. Die Restgasmasse wird mit dem in Kap. 3.3.1 beschriebenen einfachen Modellansatz nach [54] berechnet, so dass letztlich folgt:

$$m_Z = \frac{\dot{m}_{Eng\,in}}{n_{Eng} \cdot k \cdot z} + \frac{p_3 \cdot V_C}{R \cdot T_3} \tag{4.22}$$

Die Sauerstoffkonzentration im Zylinder errechnet sich anteilig aus den Sauerstoffkonzentrationen von eingeströmter Masse und Restgasmasse. Für die Sauerstoffkonzentration im Restgas wird der von der λ-Sonde im Abgas gemessene Wert eingesetzt. Der durch die Gaslaufzeit von Auslassventil bis Sondenposition verursachte Fehler wird aufgrund des geringen Restgasgehalts im Zylinder vernachlässigt.

$$x_{O_2 Z} = \frac{x_{O_2 Eng\,in} \cdot m_{Z\,in} + x_{O_2 RG} \cdot m_{RG}}{m_Z} \tag{4.23}$$

Die äquivalente Inertgasrate IGR_Z lässt sich ebenso wie die gesamte im Zylinder enthaltene Luftmasse m_{LuZ} aus Gl. (3.9) berechnen.

Mit der innerhalb der Einspritzsteuerung berechneten aktuellen Einspritzmenge können folglich auch das Zylinder-Luftverhältnis λ_Z sowie das effektive Luftverhältnis λ_e nach den Gleichungen (3.11) und (3.12) berechnet werden. Die Güte der Berechnung hängt dabei natürlich auch von der Genauigkeit der Einspritzmenge ab, die jedoch nicht Gegenstand der vorliegenden Arbeit ist.

5 Experimentelle Untersuchungen am Motorprüfstand

Die umfangreichen experimentellen Untersuchungen am Motorprüfstand verfolgten im Wesentlichen zwei Ziele:

- Bestätigung der Korrelation zwischen den in Kap. 3 definierten charakteristischen Kenngrößen der Zylinderladung und den motorischen Zielgrößen
- Vertiefte Wissensbildung durch modellbasierte Beschreibung des Systemverhaltens

Auf Basis des mathematisch beschreibbaren Systemverhaltens werden in Kap. 6 eine geeignete Funktionsstruktur für das füllungsbasierte Einspritzmanagement sowie der zugehörige Applikationsprozess entwickelt.

5.1 Versuchsträger

Als Versuchsträger kommt für die vorliegende Arbeit ein V6 Dieselmotor mit Common-Rail-Einspritzsystem und Abgasturboaufladung zum Einsatz. Die wesentlichen Kenndaten sind in Tabelle 5.1 aufgeführt.

Hubraum [cm^3]	2967
Leistung [kW] @ Drehzahl [min^{-1}]	176 @ 4000
Bohrung [mm]	83
Hub [mm]	91,4
Pleuellänge [mm]	160,5
Verdichtungsverhältnis geometrisch/thermodynamisch [-]	16,8/15,8
Max. Zylinderdruck [bar]	180
Einspritzsystem	Bosch CRI 3.2
Max. Systemdruck [bar]	2000
Einspritzdüsen: Lochzahl Durchfluss [cm^3/30s@100bar]	 8 350

Tabelle 5.1: Kenndaten des Versuchsträgers

Das thermodynamische Verdichtungsverhältnis wurde auf Basis geschleppter Zylinderdruckverläufe mit der Analysesoftware TIGER (Fa. EnginOS) ermittelt, vgl. [15]. Für sämtliche in dieser Arbeit diskutierten Druckverlaufsanalysen und Prozessrechnungen wurde statt des geometrischen das thermodynamische Verdichtungsverhältnis verwendet.

Zur Reduzierung der Stickoxid-Emissionen ist der Versuchsträger mit einer gekühlten hochdruckseitigen Abgasrückführung ausgestattet. Der serienmäßig vorhandene Partikelfilter wird durch einen Dummy-Filter ersetzt, der im Drosselverhalten dem Serienbauteil in unbeladenem Zustand entspricht. Diese Maßnahme vereinfacht die automatisierte Vermessung, da die Notwendigkeit einer regelmäßigen Regeneration des Partikelfilters entfällt. Weiterhin können auf diese Weise unerwünschte Quereinflüsse durch den Beladungszustand des Filters vermieden werden, welcher sich auf das Druckniveau im Abgastrakt und somit auf den Ladungswechsel des Motors auswirken kann.

5.2 Methodik

Die moderne softwarebasierte Steuerung des verbrennungsmotorischen Fahrzeugantriebs weist eine stetig zunehmende Anzahl an freien Parametern auf, die einen flexibel an die komplexen Anforderungen angepassten Betrieb ermöglichen. Die bestmögliche Nutzung neu erschlossener Freiheitsgrade im Sinne einer Systemoptimierung setzt jedoch die Kenntnis des Systemverhaltens im gesamten Versuchsraum voraus, welcher sich mit jedem Freiheitsgrad um eine Dimension erweitert. Konventionelle Methoden der Systemvermessung, wie etwa die klassische Rastervermessung, erfordern einen mit der Parameteranzahl exponentiell steigenden Versuchsaufwand und sind daher nur für eine begrenzte Anzahl freier Parameter geeignet:

$$\begin{aligned} &N = n_{FS}^{\;n_F} \\ &\quad N \text{.....} Versuchsanzahl \\ &\quad n_{FS} \text{.....} Anzahl\ Faktorstufen \\ &\quad n_F \text{.....} Anzahl\ Faktoren \end{aligned} \qquad (5.1)$$

Einen Lösungsansatz für diese Problematik bietet die Beschreibung des Systemverhaltens durch mathematische Modelle, für deren Kalibrierung ein vergleichsweise niedriger Versuchsaufwand erforderlich ist.

Unter dem Begriff Design of Experiments (DoE) haben sich in der Motorenentwicklung mittlerweile Methoden und Vorgehensweisen etabliert, die neben der eigentlichen Versuchsplanung auch Versuchsdurchführung, Modellbildung sowie modellbasierte Optimierung und Applikation umfassen. Der Anwendungsbereich erstreckt sich dabei von der Bauteilauslegung [50] über die Applikation von Motorsteuerung [3][10] und Abgasnachbehandlung [77] bis hin zur Kopplung mit rechenzeitintensiven Simulationsaufgaben [21][82]. Aktuell im Fokus der Entwicklung stehen insbesondere die Modellierung dynamischer Vorgänge sowie die Integration der Modelle in einen vollständig modellbasierten, weitgehend automatisierten Applikationsprozess, z. B. [26][47].

Als ebenso vielfältig wie die Anwendungsgebiete erweisen sich im Detail auch die methodischen Ansätze, so dass an dieser Stelle keine umfassende Darstellung möglich ist. Der allgemeine Prozessablauf lässt sich jedoch unabhängig von der konkreten Anwendung stets in die einzelnen Prozessschritte Versuchsplanung, Versuchsdurchführung, Modellbildung und Optimierung einteilen, vgl. [36][52]. Orientiert an dieser Prozesskette werden im Folgenden die in der vorliegenden Arbeit verwendeten methodischen Ansätze vorgestellt. Der Fokus in der Anwendung von DoE liegt hierbei weniger auf der automatisierten Kalibrierung existenter Funktionsstrukturen als vielmehr auf dem mittels modellbasierter Beschreibung erreichbaren Verständnis des Systemverhaltens im hochdimensionalen Versuchsraum. Die Modellierung des motorischen Verhaltens in Abhängigkeit der im nachfolgenden Kapitel definierten Variationsparameter dient also zunächst der vertieften Wissensbildung. Darauf aufbauend wird in Kap. 6 eine Funktionsstruktur für ein füllungsbasiertes Einspritzmanagement entwickelt, die einer modellbasierten, potentiell automatisierten Applikation zugänglich ist.

5.2.1 Versuchsplanung

Die Versuchsplanung umfasst

- die Definition der Variationsparameter einschließlich der Variationsgrenzen
- die Versuchsraumbestimmung durch Ermittlung der Fahrbarkeitsgrenzen
- die Erstellung des eigentlichen Versuchsplans durch Festlegung der zu vermessenden Parameterkombinationen

Definition der Variationsparameter

Im Hinblick auf die Entwicklung eines füllungsbasierten Einspritzmanagements muss die Modellierung das Systemverhalten als Funktion von „Füllung" und „Einspritzung" beschreiben. Die jeweils relevanten Parameter der Motorsteuerung werden im Folgenden als Füllungs- bzw. Einspritzparameter bezeichnet.

Darüber hinaus müssen Drehzahl und Last berücksichtigt werden, die mitunter den größten Einfluss auf die relevanten Zielgrößen aufweisen. Werden Drehzahl und Last als Variationsparameter in Versuchsplanung und Modellierung berücksichtigt, spricht man allgemein von einem globalen Modellierungsansatz. Für die vorliegende Arbeit wird hingegen ein lokaler Ansatz gewählt, d. h. es werden einzelne Betriebspunkte unter Beibehaltung von Drehzahl und Last untersucht. Mit steigender Anzahl der Variationsparameter, resp. steigender Dimensionalität des Versuchsraumes, nehmen die Anforderungen insbesondere an Versuchsplanung (Bestimmung der Versuchsraumgrenzen) und Modellbildung (nichtlineare Effekte und Wechselwirkungen) stetig zu. Bei gegebenem Potential des verwendeten Approximationsalgorithmus bedeutet dies umgekehrt eine tendenzielle Verschlechterung der Modellqualität mit zunehmender Anzahl an Variationsparametern. Da auf Basis der in dieser Arbeit erstellten Modelle eine neue Funktionsstruktur für einen wesentlichen Bereich des Motormanagements entwickelt werden soll, wird auf die Modellqualität großer Wert gelegt.

Um trotz der Beschränkung auf lokale Untersuchungen den Einfluss von Drehzahl und Last erfassen und bewerten zu können, werden acht Betriebspunkte detailliert vermessen und analysiert. Die Betriebspunktauswahl orientiert sich dabei am Drehzahl-/Lastbereich des Zielfahrzeugs im NEFZ und im FTP72, Bild 5.1.

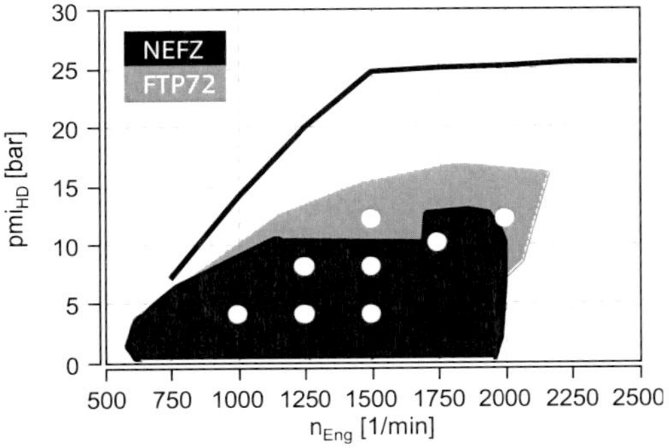

Bild 5.1: Betriebspunktauswahl auf Basis des NEFZ und des FTP72

Als lastdefinierende Größe wird der indizierte Mitteldruck des Hochdruckprozesses pmi_{HD} gewählt. Unerwünschte Wechselwirkungen, die sich aus Reibung (inkl. Antriebsleistung der Nebenaggregate) und Ladungswechsel ergeben könnten, sind somit ausgeschlossen.

Füllungsparameter

Als Füllungsparameter werden die in Kap. 3 identifizierten charakteristischen Kenngrößen Zylindermasse und Sauerstoffkonzentration im Zylinder sowie die Stellposition der Drallklappen definiert.

Die ebenfalls als charakteristische Kenngröße identifizierte Temperatur bei ES hängt bei betriebswarmem Motor im stationären Betrieb im Wesentlichen von der Mischtemperatur im Saugrohr ab, welche wiederum eine Funktion von Frischluft-Temperatur nach Ladeluftkühler, AGR-Rate und Abgastemperatur ist, s. Gl. (4.5). Die Abgastemperatur ergibt sich abhängig von Lastpunkt, Füllung, AGR-Rate und Schwerpunktlage der Verbrennung. Somit ist die Temperatur bei ES nicht unabhängig von den restlichen Füllungsgrößen variierbar. Sie wird für Versuchsplanung und Modellierung als system-immanent betrachtet, da Ansaugluft und Temperatur nach Ladeluftkühler konditioniert werden. Dies bedeutet gleichzeitig eine Einschränkung des Gültigkeitsbereichs der Modelle auf den vermessenen Temperaturbereich der Ansaugluft (~21°C) bzw. der Luft nach Ladeluftkühler (~40°C).

Die konventionelle Luftsystemregelung des Versuchsträgers basiert auf den Applikationsparametern Luftmasse und Ladedruck. Zylindermasse und Sauerstoffkonzentration können folglich nicht unmittelbar als Sollwerte an die Motorsteuerung übergeben werden, was die automatisierte Vermessung am Prüfstand erschwert. Prinzipiell kann zwar die Luftsystemregelung des Motors auch von der Prüfstandsautomatisierung übernommen werden. Vor dem Hintergrund einer einfach umsetzbaren, robusten automatisierten Vermessung empfiehlt es sich jedoch, die vorhandenen, im Idealfall bereits parametrierten Regelstrukturen der Motorsteuerung weitestgehend zu nutzen. Daher werden die klassischen Applikationsparameter Luftmasse und Ladedruck als Variationsparameter für die Versuchsplanung verwendet. Um dennoch die charakteristischen Kenngrößen Zylindermasse und Sauerstoffkonzentration als Eingangsgrößen für die Modellierung nutzen zu können, wird der Versuchsplan durch raumfüllende Ansätze (engl. space filling) ergänzt.

Einspritzparameter

Das Common Rail Einspritzsystem ermöglicht eine weitgehend freie Wahl von Einspritzmuster (Anzahl der Einspritzungen), Lage und Mengenverteilung der einzelnen Einspritzungen sowie des Raildrucks. Da das diskrete Zu- oder Abschalten einer Einspritzung sprunghafte Änderungen in den Zielgrößen verursachen kann, die von den meisten Approximationsansätzen nicht abgebildet werden können, beschränken sich die Betrachtungen in der vorliegenden Arbeit auf das Einspritzmuster mit zwei Vor- und einer Haupteinspritzung.

Statt dem üblicherweise verwendeten Beginn der Haupteinspritzung wird als Variationsparameter die Lage des Verbrennungsschwerpunktes verwendet. Als Verbrennungsschwerpunkt wird dabei die 50%-Umsatzlage des normierten integrierten Heizverlaufs (U50) bezeichnet, vgl. Bild 5.2. Da die Zeitspanne zwischen Einspritzbeginn und Brennbeginn (Zündverzug) in Abhängigkeit von den zum Zeitpunkt der Einspritzung vorherrschenden Brennraumbedingungen signifikant variieren kann, bietet sich der Beginn der Haupteinspritzung nur bedingt als geeignete Größe zur Kennzeichnung der tatsächlichen Verbrennungslage an. Die Verbrennungslage, charakterisiert durch den 50%-Umsatzpunkt, stellt jedoch die thermodynamisch bedeutsame Kenngröße dar. Der Versuchsträger verfügt über eine zylinderdruckbasierte Verbrennungslageregelung mit dem Ansteuerbeginn der Haupteinspritzung als Stellgröße. Somit kann der Verbrennungsschwerpunkt als Sollwert direkt an die Motorsteuerung übergeben und als Variationsparameter verwendet werden. Für den transienten Motorbetrieb wird allerdings eine möglichst gute Vorsteuerung des Einspritzzeitpunkts benötigt, siehe hierzu Kap. 6.4.

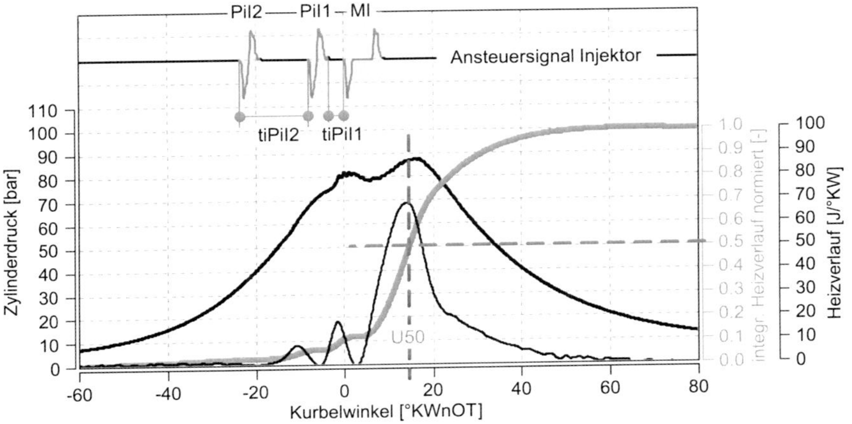

Bild 5.2: Applikationslogik des Einspritztimings

Die zeitliche Positionierung der zwei Voreinspritzungen (engl. Pilot Injection - Pil) wird entsprechend der existenten Funktionsstruktur in der Motorsteuerung in Relation zur jeweils nachgelagerten Einspritzung appliziert, Bild 5.2 und Bild 5.3 a. Für die der Haupteinspritzung (engl. Main Injection - MI) vorgelagerte Pil1 wird die Pausendauer zwischen Ende der Pil1 und Beginn der MI appliziert, während der Ansteuerbeginn der Pil2 direkt in Relation zum Ansteuerbeginn der Pil1 vorgegeben wird.

Aus dieser Sollwertstruktur folgt, dass eine Verschiebung der Pil1 durch Variation der Pausendauer tiPil1 immer auch eine Verschiebung der Pil2 bewirkt. Solchermaßen korrelierte Eingangsgrößen erscheinen zunächst aus methodischer Sicht nicht optimal. Allerdings bietet diese Sollwertstruktur hinsichtlich der Versuchsplanung den Vorteil eines praktisch uneingeschränkten Versuchsraumes bzgl. des Voreinspritz-Timings. Würden beide Voreinspritzungen nach ebenfalls gängiger Art relativ zur Haupteinspritzung positioniert, müssten innerhalb des zweidimensionalen Versuchsraumes jene Bereiche ausgespart werden, die eine zeitliche Lage der Pil1 zu nahe an oder gar vor der Pil2 zur Folge hätten, Bild 5.3 b.

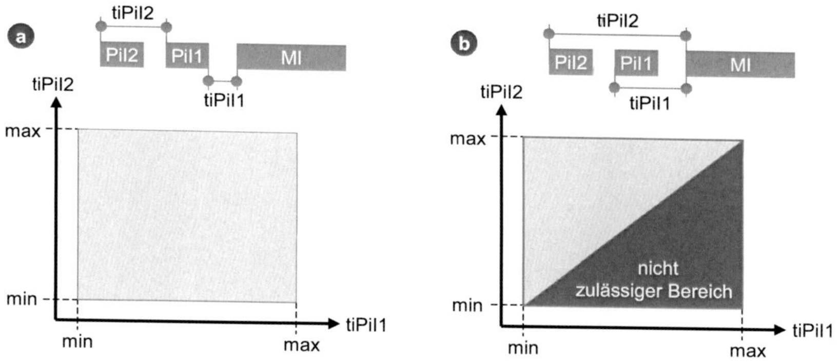

Bild 5.3: Vergleich gängiger Sollwertstrukturen bzgl. der Positionierung der Voreinspritzungen

Zudem bliebe aufgrund der komplexen physikalisch-chemischen Abläufe von Gemischaufbereitung und Zündung die wechselseitige Abhängigkeit in der Wirkung auf die zu modellierenden Zielgrößen trotz formal voneinander unabhängiger Lage der Voreinspritzungen erhalten. Daher wird die Sollwertstruktur der Motorsteuerung entsprechend Bild 5.3 a für Versuchsplanung und Modellierung übernommen.

Mit dem Raildruck als weiterem freien Parameter der Einspritzung ergeben sich zusammenfassend neun Variationsparameter:

Füllungs-parameter	Zylindermasse	m_Z	[mg/ASP]
	Sauerstoffkonzentration im Zylinder	x_{O_2Z}	[-]
	Drallklappenstellung	*VSwVlv_rAct*	[%]
Einspritz-parameter	Einspritzmenge Pil1	*qPil1*	[mg/ASP]
	Einspritzmenge Pil2	*qPil2*	[mg/ASP]
	Positionierung Pil1	*tiPil1*	[µs]
	Positionierung Pil2	*tiPil2*	[µs]
	Raildruck	*pRail*	[bar]
	Verbrennungsschwerpunkt	*U50*	[°KWvOT]

Tabelle 5.2: Variationsparameter

Versuchsraumbestimmung durch Ermittlung der Fahrbarkeitsgrenzen

Der Versuchsraum wird zunächst durch die Variationsbereiche der einzelnen Variationsparameter orthogonal aufgespannt. Allerdings sind im Regelfall nicht alle Parameterkombinationen innerhalb dieses hochdimensionalen Versuchsraumes darstellbar. Je genauer die Grenzen des Versuchsraumes bereits während der Versuchsplanung bekannt sind, desto besser kann die Verteilung der Messpunkte nach statistischen Kriterien realisiert werden. Diesem an sich simplen, aber für eine effiziente Nutzung von Ressourcen grundlegend wichtigen Zusammenhang wird durch intensive Forschung zur schnellen automatisierten Identifizierung der Versuchsraumgrenzen Rechnung getragen, z. B. [35][65].

Begrenzt wird der real darstellbare Raum durch Verbrennungsstabilität, Emissionen und Wechselwirkungen zwischen einzelnen Parametern. In höheren Lastbereichen sind auch mechanische und thermische Bauteilbelastungsgrenzen zu beachten.

Für die in der vorliegenden Arbeit untersuchten Teillast-Betriebspunkte haben sich Zylindermasse, Gaszusammensetzung und Verbrennungslage als die relevanten Parameter herausgestellt. Durch Variation der (Applikations-) Parameter nach dem in Bild 5.4 gezeigten Schema lässt sich der darstellbare Versuchsraum näherungsweise bestimmen. Zunächst werden bei geschlossenem AGR-Ventil die Leitschaufeln des ATL für maximalen Ladedruck voll angestellt. Ausgehend von diesem Punkt (1) werden bei weiterhin geschlossenem AGR-Ventil die Leitschaufeln nun kontinuierlich geöffnet. In der Folge sinken Ladedruck und Frischluftmasse, bis entweder die Leitschaufeln vollständig geöffnet sind, oder bei höheren Lasten eine festzulegende Rußgrenze überschritten wird, Punkt (2). Im Anschluss wird das AGR-Ventil bis zum Überschreiten der Rußgrenze geöffnet (3), wobei falls notwendig auch die Drosselklappe zur Unterstützung des AGR-Spülgefälles eingesetzt werden kann. Wiederum ausgehend vom Ausgangspunkt (1) wird durch Öffnen des AGR-Ventils bei geschlossenen Leitschaufeln der Punkt (4) ermittelt. Werden zusätzlich in jedem der genannten Punkte Variationen der Verbrennungslage durchgeführt, ergibt sich der in Bild 5.4 skizzierte real darstellbare Versuchsraum.

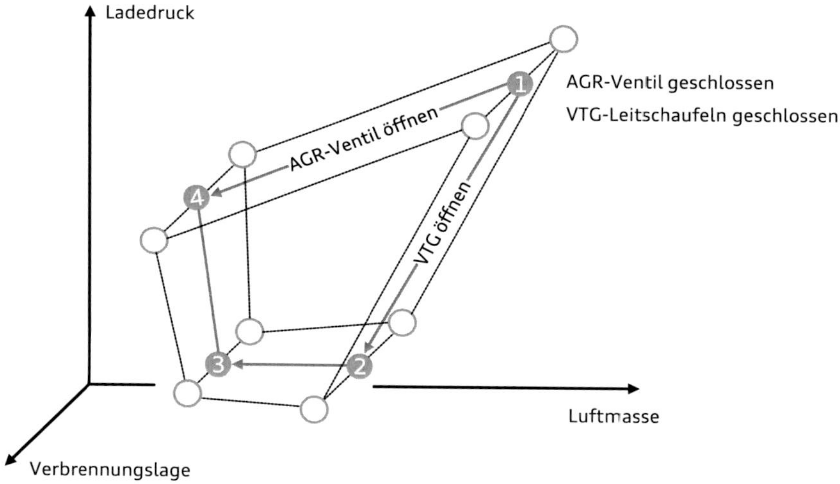

Bild 5.4: Ablauf-Schema der lokalen Versuchsraumbestimmung

Durch die direkte Orientierung an den Stellgliedern des ATL und des AGR-Ventils ist der beschriebene Ablauf unabhängig von den Führungsgrößen der Luftsystem-Regelung.

Die Beschränkung auf nur drei limitierende Variationsparameter macht eine einfache graphische Übertragung der Versuchsraumgrenzen in die Versuchsplanungs-Software möglich. Die meisten Software-Pakete zur Versuchsplanung ermöglichen eine graphische Beschränkung des Versuchsraumes in zwei- oder dreidimensionaler Darstellung, die direkt aus den Eckpunkten des ermittelten Versuchsraumes abgeleitet werden kann. Da jedoch nicht auszuschließen ist, dass sich innerhalb des auf diese Weise begrenzten Versuchsraumes weiterhin nicht darstellbare Parameterkombinationen befinden, muss die Vermessung zwingend unter Überwachung definierter Grenzwerte mit entsprechender Reaktion auf ihre Überschreitung erfolgen, vgl. Kap. 5.2.2.

Softwaregestützte Bestimmung der zu vermessenden Parameterkombinationen

Die Bestimmung der zu vermessenen Parameterkombinationen erfolgt in der Regel softwaregestützt. Für die vorliegende Arbeit wurde das zum Zeitpunkt der Untersuchungen noch in der Entwicklung befindliche Software-Paket EasyDoE der Fa. IAV verwendet.

Nach Ermittlung der Versuchsraumgrenzen wird aus der Kandidatenliste, die sich aus einer vollfaktoriellen Rasterung des Versuchsraumes ergibt, eine Auswahl nach statistischen Kriterien getroffen. Basis der Auswahl ist ein D-optimaler Versuchsplan für ein Polynom dritten Grades. D-optimale Versuchspläne werden durch die Minimierung der inversen Informationsmatrix ermittelt [18], was prinzipbedingt eine starke Betonung der Randbereiche des Versuchsraumes zur Folge hat. Daher wird der randbetonte D-optimale Versuchsplan durch V-optimale und raumfüllende Designpunkte ergänzt.

Zusätzlich zu den für das Modellfitting geplanten Punkten werden gleichmäßig im Versuchsraum Validierungspunkte verteilt. Diese werden nicht für die Modellbildung verwendet, sondern dienen ausschließlich der Validierung der gefitteten Modelle. Weiterhin werden zur Überprüfung der Systemstabilität in regelmäßigen Abständen Wiederholpunkte mit identischer Parameterkombination eingefügt.

Aufgrund der hohen Priorisierung der Modellqualität wird für die Versuchsplanung bewusst eine hohe Anzahl an Messpunkten zugelassen. Für die gewählten neun Variationsparameter ergeben sich inklusive Wiederhol- und Validierungspunkten 560 Messpunkte.

5.2.2 Versuchsdurchführung

Die Versuche erfolgten auf einem vollautomatisierten Funktionsprüfstand der Audi AG in Neckarsulm. Der Prüfstand ist mit Raum-, Ansaugluft-, Kühlmittel- und Ladeluftkonditionierung ausgestattet. Für die Abgasanalyse stehen eine Zweilinien-Abgasmessanlage der Fa. AMLUK, ein Smokemeter AVL 415S und ein Opazimeter AVL 439 zur Verfügung. Die Auswertung der Indizier-Druckaufnehmer übernimmt ein AVL IndiCom System, Kraftstoffkonditionierung und -verbrauchsmessung erfolgen mittels einer AVL KMA 4000.

Als Automatisierungssystem kommt AVL PUMA OPEN zum Einsatz; die übergeordnete Steuerung des Versuchsablaufes wird durch AVL CAMEO koordiniert. AVL CAMEO ermöglicht die vollautomatische Vermessung des vorgegebenen Versuchsplans unter Berücksichtigung von Grenzwerten, Regenerations- und Referenzpunkten. Die hierarchisch übergeordnete Position mit Verstellzugriff auf Prüfstandsautomatisierung und Motorsteuerung ermöglicht CAMEO auch eine Überwachung und regelmäßige Justierung der Messgeräte, sofern diese nach Aufruf einer entsprechenden Routine in PUMA automatisch abläuft.

Die Notwendigkeit einer Überwachung von Grenzwerten ergibt sich aus der in Abhängigkeit von nur drei Variationsparametern erfolgten und somit lediglich näherungsweisen Bestimmung der Versuchsraumgrenzen, vgl. Kap. 5.2.1.

Ausgehend von einem stabilen Zentralpunkt werden unter schrittweiser Verstellung der Variationsparameter die Versuchspunkte angefahren, stabilisiert und vermessen. Tritt während der schrittweisen Verstellung eine Grenzwertverletzung auf, wird eine parametrierbare Grenzwertreaktion ausgelöst. Für die hier vorgestellten Untersuchungen wurde eine in CAMEO verfügbare Strategie angewandt, die nach einer Grenzwertverletzung den Rückzug auf die letzte gültige Parameterkombination mit anschließender Wiederannäherung an den Grenzwert mit reduzierter Schrittweite vorsieht [4]. Die dem Grenzwert nächstgelegene gültige Parameterkombination wird schließlich als Ersatzpunkt vermessen.

5.2.3 Modellbildung und -analyse

Die Modellbildung wird wie bereits die Versuchsplanung mit der Software EasyDoE der Fa. IAV durchgeführt.

Für die Modellierung kommen polynomiale Regressionsmodelle zum Einsatz, die allgemein in folgender Form beschrieben werden können [18][52]:

$$\hat{y} = \hat{a}_0 + \underbrace{\hat{a}_1 x_1 + \hat{a}_2 x_2}_{\text{Haupteffekte}} + \underbrace{\hat{a}_3 x_1 x_2}_{\substack{\text{lineare}\\ \text{Wechsel-}\\ \text{wirkungen}}} + \underbrace{\hat{a}_4 x_1^2 + \hat{a}_5 x_2^2}_{\text{quadratische Effekte}} + \ldots + \hat{a}_p x_k^m \tag{5.2}$$

mit

$\hat{y}$ .... *Zielgröße*

$\hat{a}_{0 \ldots p}$ .... *Modellkoeffizienten*

$x_{1 \ldots k}$ .... *Regressoren*

Für mehrere Zielgrößen lässt sich das Gleichungssystem übersichtlich in Matrixform darstellen:

$$\hat{\mathbf{y}} = \mathbf{X}\hat{\boldsymbol{\alpha}}$$

mit

$$\hat{\mathbf{y}} = \begin{bmatrix} \hat{y}_1 \\ \vdots \\ \hat{y}_n \end{bmatrix} \qquad \mathbf{X} = \begin{bmatrix} 1 & x_{11} & \cdots & x_{1k}^m \\ \vdots & & & \vdots \\ 1 & x_{n1} & \cdots & x_{nk}^m \end{bmatrix} \qquad \hat{\mathbf{a}} = \begin{bmatrix} \hat{a}_0 \\ \vdots \\ \hat{a}_p \end{bmatrix} \tag{5.3}$$

EasyDoE bietet für die Bestimmung der Modellkoeffizienten $\hat{a}_o ... \hat{a}_p$ sowohl die klassische Methode der kleinsten Quadrate als auch ein robustes Regressionsverfahren mit Ausreißererkennung an. Für mathematische Details wird auf die entsprechende Fachliteratur verwiesen, z. B. [20][38][43][67]. Beide Verfahren werden mit unterschiedlichen Methoden zur Termreduktion kombiniert, die einer Überanpassung (engl. Overfitting) entgegenwirken sollen. Das resultierende Modell enthält ausschließlich die statistisch signifikanten Modellterme.

Für die Bewertung der Modellqualität werden sowohl statistische Kennwerte als auch graphische Methoden herangezogen.

Die graphischen Methoden beruhen mehrheitlich auf der Auswertung der Residuen bzw. deren Verteilung. Bei guter Abbildung der Messdaten durch das Modell sollten die Residuen zumindest näherungsweise normalverteilt sein. Die Prüfung der Residuen auf Normalverteilung kann sehr anschaulich im Histogramm oder im Normal-Quantil-Plot erfolgen, Bild 5.5.

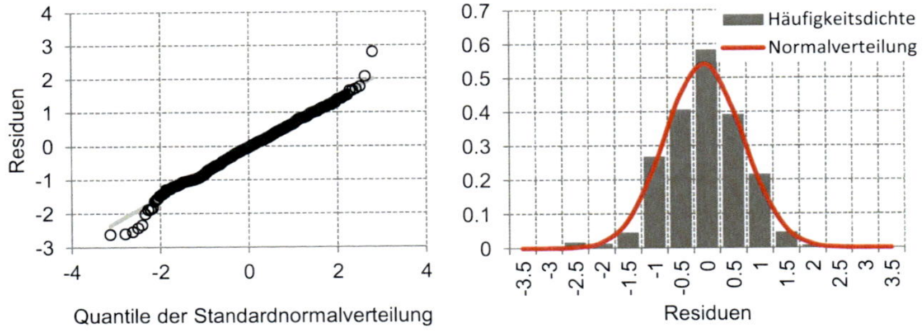

Bild 5.5: Normal-Quantil-Plot (links) und Histogramm (rechts)

Im Normal-Quantil-Plot werden die Residuen gegen die Quantile der Standardnormalverteilung aufgetragen [20]. Bei approximativ normalverteilten Residuen liegen die Punkte auf einer Geraden wie in Bild 5.5 links dargestellt. Einzelne Abweichungen von der Geraden deuten auf Ausreißer, systematische Abweichungen auf Mängel in der

Modellanpassung oder dem Modellansatz hin. Im Histogramm wird die empirische Häufigkeitsdichte mit der Dichtefunktion einer Normalverteilung verglichen, wobei für Mittelwert und Standardabweichung die empirischen Schätzwerte angenommen werden.

Das bekannteste statistische Gütemaß für die Regression ist der sog. Regressionskoeffizient R^2, auch als Bestimmtheitsmaß bezeichnet. Das Bestimmtheitsmaß basiert auf der Streuungszerlegung, Gl. (5.4). Diese besagt, dass sich in einer Stichprobe mit n Beobachtungen die empirische Varianz der Beobachtungen additiv zerlegen lässt in die empirische Varianz der Schätzungen und die empirische Varianz der Residuen, vgl. [20].

$$\underbrace{\sum_{i=1}^{n}(y_i-\bar{y})^2}_{Sum\ of\ Squares\ Total\ (SST)} = \underbrace{\sum_{i=1}^{n}(\hat{y}_i-\bar{y})^2}_{Sum\ of\ Squares\ Regression\ (SSR)} + \underbrace{\sum_{i=1}^{n}(y_i-\hat{y}_i)^2}_{Sum\ of\ Squares\ Error\ (SSE)} \quad (5.4)$$

Das Bestimmtheitsmaß setzt die Varianz der Schätzungen ins Verhältnis zur Varianz der Beobachtungen, Gl. (5.5):

$$R^2 = \frac{SSR}{SST} = \frac{\sum_{i=1}^{n}(\hat{y}_i-\bar{y})^2}{\sum_{i=1}^{n}(y_i-\bar{y})^2} = 1-\frac{SSE}{SST} \qquad 0 \le R^2 \le 1 \quad (5.5)$$

Das Bestimmtheitsmaß gibt somit den Anteil der Gesamtstreuung an, der durch die Regression erklärt wird. Je näher das Bestimmtheitsmaß an 1 liegt, desto kleiner ist die Quadratsumme der Residuen (SSE) und desto besser ist folglich die Qualität der Schätzung. Allerdings kann das Bestimmtheitsmaß nicht als alleiniges Kriterium für die Modellgüte herangezogen werden, da es mit zunehmender Anzahl an Modelltermen automatisch größer wird, was eine Überanpassung begünstigt und den Vergleich von Modellen mit unterschiedlicher Anzahl an Termen erschwert [20]. Um einer Überanpassung entgegenzuwirken, kann das Bestimmtheitsmaß mit der Anzahl der Modellkoeffizienten normiert werden. Daraus ergibt sich das angepasste Bestimmtheitsmaß R^2_{adj} (engl. adjusted coefficient of determination [52]).

$$R^2_{adj} = 1-\frac{(n-1)}{n-p}\cdot(1-R^2) \quad (5.6)$$

Auf Basis der $PRESS$-Statistik lässt sich analog zum Bestimmtheitsmaß der sog. Vorhersagekoeffizient R^2_{pred} bestimmen:

$$R^2_{pred} = 1 - \frac{PRESS}{SST} \tag{5.7}$$

$PRESS$ steht dabei für Predicted Error Sum of Squares. Die $PRESS$-Residuen werden ermittelt, indem die i-te Beobachtung von einem Regressionsmodell „vorhergesagt" wird, das unter Ausschluss des i-ten Messwertes gefittet wurde:

$$PRESS = \sum_{i=1}^{n} (e_{(i)})^2 = \sum_{i=1}^{n} (y_i - \hat{y}_{(i)})^2$$

$$\begin{aligned} &mit \\ &\hat{y}_{(i)} \quad .... \quad PRESS - Vorhersagewert \\ &y_i \quad .... \quad i - ter\ Messwert \\ &e_{(i)} \quad .... \quad PRESS - Residuum \end{aligned} \tag{5.8}$$

Die Standardabweichung der Residuen - auch als mittlerer Fehler der Regression (engl. Root Mean Squared Error, $RMSE$) bezeichnet - gibt Aufschluss über die Streuung der Messdaten um das Modell:

$$RMSE = \sqrt{\frac{1}{n-p} \sum_{i=1}^{n} (y_i - \hat{y}_i)^2} = \sqrt{\frac{SSE}{n-p}} \tag{5.9}$$

Die Vorhersagefähigkeit des Modells lässt sich analog zum Vorhersagekoeffizient durch Verwendung der $PRESS$-Quadratsumme statt der Quadratsumme der Residuen SSE bewerten.

Im Anhang A2 sind sowohl die beschriebenen Gütemaße als auch Normal-Quantil-Plots für alle erstellten Modelle aufgeführt. Letztere basieren dabei auf den Validierungsmessungen, die nicht zum Antrainieren der Modelle verwendet wurden.

5.3 Empirische Modellierung der dieselmotorischen Zielgrößen

Die Wahl der zu modellierenden Zielgrößen orientiert sich an den gesetzlichen Limitierungen der emittierten Schadstoffe NO_x, CO und Partikel. Aus Gründen der Vergleichbarkeit der einzelnen Betriebspunkte werden alle Emissionen bezogen auf die indizierte Leistung der Hochdruckschleife in g/kWh angegeben. Weiterhin werden die Wirkungsgradverluste auf Basis der thermodynamischen Verlustteilung sowie das aus dem Zylinderdruck abgeleitete Verbrennungsgeräusch modelliert. Reibungseinflüsse werden in der vorliegenden Arbeit nicht betrachtet.

In den folgenden Kapiteln werden die wesentlichen Zusammenhänge zwischen Variationsparametern und Zielgrößen dargestellt, wie sie sich aus der Modellierung ergeben. Dem empirischen Charakter der Modellierung entsprechend gelten die ermittelten Zusammenhänge quantitativ nur für das untersuchte System. Durch die Wahl zylinderbezogener Modelleingangsparameter kann die Systemgrenze jedoch auf den Brennraum und jenen Teil der Gasführung reduziert werden, der als maßgeblich für die Ladungsbewegung im Brennraum angesehen werden kann. Damit gelten die generierten Modelle für alle Motoren mit identischem Saugrohr, Zylinderkopf und Brennraum (Bohrung, Hub, Kolbenmuldengeometrie und Einspritzdüse). Weitgehende Unabhängigkeit kann gegenüber Frischluftführung, Auflade- und AGR-Konzept sowie Fahrzeug und Getriebe angenommen werden. Da weiterhin Rohemissionen und indizierte Wirkungsgrade modelliert werden, ist auch die Unabhängigkeit vom Abgasnachbehandlungssystem und vom mechanischen Wirkungsgrad (Reibung und Antriebsleistung der Nebenaggregate) sichergestellt. Lediglich Änderungen, die den möglichen Variationsraum signifikant verschieben oder vergrößern, schränken die Aussagekraft der Modelle ein, da eine Extrapolation auf nicht vermessene Bereiche nicht zulässig ist.

Die Auswertungen werden exemplarisch für drei der acht untersuchten Betriebspunkte diskutiert, vgl. Bild 5.1. Stellvertretend für sehr niedrige Lasten und Drehzahlen werden die Ergebnisse des Betriebspunkts 1000/4 vorgestellt, die Charakteristik höherlastiger Betriebspunkte wird anhand der Betriebspunkte 1500/8 und 2000/12 gezeigt.

Basis der Auswertungen ist der sog. Single-Influence-Plot, der die Abhängigkeiten einer Zielgröße gegenüber den variierten Einflussgrößen zeigt. Dabei wird pro Diagramm jeweils ein Parameter variiert, während die restlichen konstant gehalten werden. Durch einen vertikalen Cursor wird der Wert des jeweiligen Parameters markiert, der für die Berechnungen der restlichen Variationen verwendet wird. Soweit nicht explizit erwähnt, werden alle Auswertungen für eine im Folgenden als Standardkombination bezeichnete Parameterkombination dargestellt, Tabelle 5.3. Soweit möglich werden alle Betriebspunkte bei identischer Parameterkombination betrachtet, lediglich Zylindermasse und Raildruck müssen lastpunkt-spezifisch angepasst werden.

Der darstellbare Variationsbereich der einzelnen Parameter wird durch die mehrdimensionale konvexe Hülle aller vermessenen Punkte begrenzt, die wiederum den Betriebsbereich des Motors für den jeweiligen Betriebspunkt repräsentiert.

Parameter	Einheit	1000/4	1250/4	1500/8	2000/12
m_Z	mg/Asp	520	550	620	780
x_O2_Z	%	17			
U50	°KWvOT	-14			
pRail	bar	600	650	1000	1345
qPil1	mg/Asp	2			
qPil2	mg/Asp	1.5			
tiPil1	µs	1000			
tiPil2	µs	1000			
VSwVlv_rAct	%	50			

Tabelle 5.3: Standardkombination der Variationsparameter für die Visualisierung der Modelle

5.3.1 Emissionen

Die Emissions-Modelle geben Aufschluss über das Emissionsverhalten des vermessenen Motors als Reaktion auf die variierten Parameter, ohne dabei detaillierte Rückschlüsse auf Bildungs- oder Reaktionsmechanismen zu ermöglichen. Dies ist auch ausdrücklich nicht Ziel der nachfolgenden Ausführungen. Vielmehr ermöglichen die Modelle einen quantitativen Vergleich der Applikationsparameter in Bezug auf ihren Einfluss auf das Emissionsverhalten. Aus den gewonnenen Erkenntnissen lassen sich grundsätzliche Applikationsrichtlinien für ein füllungsbasiertes Einspritzmanagement ableiten.

Aufschluss über die Qualität der Emissionsmodelle geben die detaillierten Gütemaße und die Residuenanalyse im Anhang A2. Allgemein lassen sich vor allem die Stickoxidemissionen sehr gut modellieren. Auch die Modelle für CO- und Partikelemissionen weisen gute Kennwerte auf. Lediglich im sehr niedriglastigen Bereich, wo die Partikelemissionen nahe an der Nachweisgrenze des Messverfahrens liegen, verlieren die Partikel-Modelle an Schärfe.

Stickoxide

Die Stickoxidbildung nach dem Zeldvich-Mechanismus hängt, wie bereits in Kap. 2.1.1 ausgeführt, im Wesentlichen von den lokalen Temperaturen und dem Sauerstoffangebot ab. Erwartungsgemäß zeigt sich auch in der Modellierung der Stickoxidemissionen ein dominierender Einfluss von Zylindermasse, Sauerstoffkonzentration und Verbrennungslage, Bild 5.6. Zylindermasse und Sauerstoffkonzentration definieren das Sauerstoffangebot, die Verbrennungslage beeinflusst maßgeblich das Temperaturniveau im Brennraum. Die Abhängigkeit von der Zylindermasse bei höheren Lasten kann auch ein Hinweis darauf sein, dass die Stickoxidbildung hier statt über den Zeldovich-Mechanismus verstärkt über Distickstoffoxid (N_2O) stattfindet. Dieser druckabhängige Bildungsmechanismus mit niedriger Aktivierungsenergie gewinnt nach [44] zunehmend an Bedeutung, wenn die Stickoxidbildung über den Zeldovich-Mechanismus durch AGR unterdrückt wird.

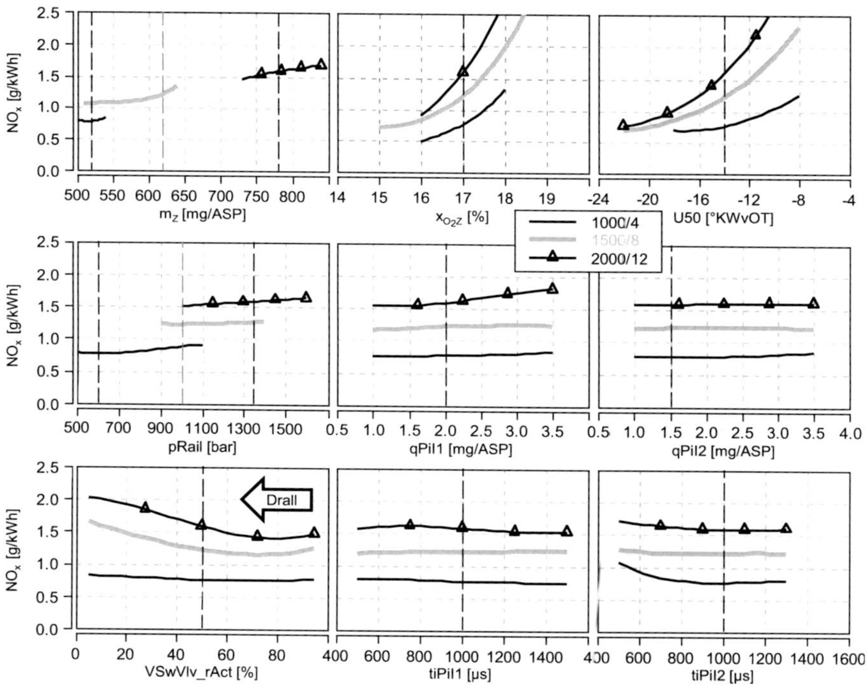

Bild 5.6: Einfluss von Füllungs- und Einspritzparametern auf die Stickoxidemissionen

Eine untergeordnete, aber eindeutige Sensitivität ist weiterhin gegenüber der Drallklappenstellung festzustellen. Insbesondere für höhere Lasten und Drehzahlen nehmen die Stickoxidemissionen mit steigendem Drall zu. Zu beachten ist hierbei, dass die Drosselwirkung der Drallklappe in Bild 5.6 wie auch in den folgenden Single-Influence-Plots nicht abgebildet ist, da die Drallklappen-Variation mit konstanter Füllung berechnet wird. Die dargestellte Abhängigkeit der Stickoxidemissionen von der Drallklappenstellung resultiert daher ausschließlich aus der Änderung des Drallniveaus. Da sich das globale Sauerstoffangebot mit zunehmendem Drall nicht ändert, ist die verstärkte Stickoxidbildung auf eine erhöhte lokale Verfügbarkeit von Sauerstoff und/oder erhöhte lokale Temperaturen zurückzuführen, die sich wiederum durch die Drallabhängigkeit des Brennverlaufs ergeben können.

Auch Lage und Mengenverteilung der Voreinspritzungen sowie der Einspritzdruck wirken sich mitunter signifikant auf die Energieumsatzrate aus und beeinflussen daher potentiell auch die Stickoxidbildung. Bild 5.6 zeigt jedoch unabhängig vom Betriebspunkt für identische Schwerpunktlage der Verbrennung einen im Vergleich zu den Füllungsparametern nahezu vernachlässigbaren Einfluss auf die Stickoxidemissionen. Tendenziell steigen mit dem Einspritzdruck die Stickoxide leicht an, was durch den erhöhten Turbulenzeintrag durch den Kraftstoffstrahl bei gleichzeitig verringerter Einspritzdauer und somit höherem Vormischanteil der Verbrennung begründet werden kann. Die physikalisch-chemischen Reaktionen auf Änderungen in Lage und Mengenverteilung der Voreinspritzungen sind zu komplex und der Einfluss auf die Stickoxidemissionen ist zu gering, um auf Basis der statistischen Modelle belastbare Aussagen treffen zu können. Allenfalls für sehr große Voreinspritzmengen oder sehr kurze Abstände zwischen den Voreinspritzungen lässt sich tendenziell ein Anstieg der Stickoxidemissionen feststellen.

Partikel

Wie die Stickoxidemissionen werden auch die Partikelemissionen von Zylindermasse, Sauerstoffkonzentration und der Verbrennungslage dominiert. Entsprechend dem für Dieselmotoren typischen Ruß-NOx-Trade-Off verhalten sich beide Zielgrößen jedoch gegenläufig zueinander, Bild 5.7. Während Sauerstoff und Temperatur die Stickoxidbildung begünstigen, wird die Rußbildung grundsätzlich mit steigendem Sauerstoffangebot verringert, hohe Temperaturen fördern die Nachoxidation bereits gebildeter Partikel.

Die Temperaturabhängigkeit der Partikelbildung zeigt sich im konstant im Bereich der Nachweisgrenze liegenden Niveau der emittierten Partikelmasse für den niedriglastigen Betriebspunkt 1000/4. Dieser weist mit einem effektiven Luftverhältnis von $\lambda_e=3.4$ (bei Standardkombination der Variationsparameter) eine sehr hohe Wärmekapazität der Zylinderladung in Relation zur eingebrachten Wärmemenge auf. Entsprechend niedrige Prozesstemperaturen hemmen die Rußbildung und fördern zudem durch langen Zündverzug die Gemisch-Homogenisierung.

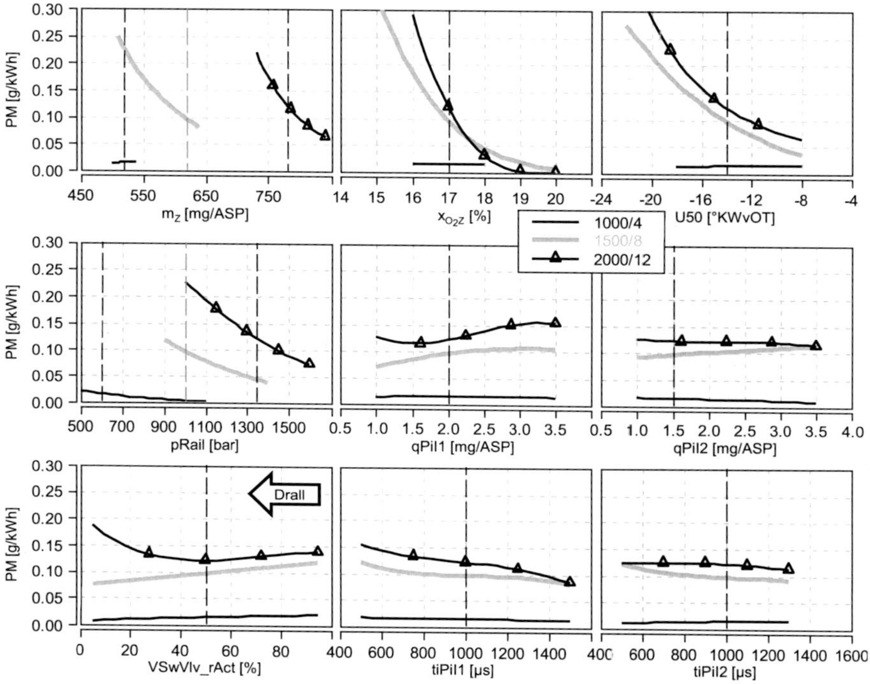

Bild 5.7: Einfluss von Füllungs- und Einspritzparametern auf die Partikelemissionen

Im Unterschied zu den Stickoxidemissionen zeigen sich die Partikelemissionen sehr sensibel gegenüber dem Einspritzdruck. Die mit steigendem Einspritzdruck einhergehende nahezu lineare Reduzierung der Partikelemissionen lässt sich dabei unabhängig vom Betriebspunkt feststellen und erweist sich als äußerst unempfindlich gegenüber Wechselwirkungen mit anderen Parametern. Dieses Verhalten ist aus der Literatur bekannt und wird in [76] und [39] vor allem auf die durch den Kraftstoffstrahl eingebrachte Turbulenz zurückgeführt, welche die Oxidationsbedingungen positiv beeinflusst.

Der Einfluss der Drallklappenstellung ist wiederum den zuvor genannten Parametern untergeordnet. Für niedrige Drehzahlen unterstützt hoher Drall die Gemischaufbereitung und verschiebt das lokale Verbrennungsluftverhältnis hin zu mehr mageren Verbrennungszonen, was sowohl die Rußbildung hemmt als auch die Nachoxidation fördert. Mit Drehzahl und Kolbengeschwindigkeit steigt auch die Winkelgeschwindigkeit der Zylinderladung [51], so dass sich eine weitere Drallsteigerung durch Anstellen der Drallklappe erübrigt. Wie für den Betriebspunkt 2000/12 zu beobachten, führt zu hoher Drall zu einem erneuten Anstieg der Partikelemissionen, was auf ein Verwehen der Kraftstoffstrahlen in den jeweils benachbarten Strahlbereich mit entsprechender Bildung fetter Gemischzonen hindeutet. Numerische Untersuchungen in [48] bestätigen, dass die Gemischbildung mit steigendem Drall zunächst verbessert, nach Überschreiten eines optimalen Drallniveaus jedoch wieder schlechter wird.

In vergleichbarem Maße wie die Stellung der Drallklappe können Lage und Mengenverteilung der Voreinspritzungen Einfluss auf die emittierte Partikelmasse nehmen. Detaillierte experimentelle Untersuchungen, u. a. in [6][16][53], bestätigen den Einfluss der Voreinspritzmenge(n) auf die Partikelemissionen. Ein direkter Vergleich mit den veröffentlichten Erkenntnissen ist jedoch nur bedingt zweckmäßig, da im Gegensatz zur vorliegenden Arbeit bei Variationen von Lage und Mengenverteilung der Voreinspritzungen der Verbrennungsschwerpunkt oft nicht konstant gehalten wird.

Die statistischen Modelle zeigen für den vorliegenden Fall, dass insbesondere die der Haupteinspritzung vorgelagerte Einspritzung (Pil1) die Partikelbildung durch stark inhomogene Sprayverbrennung begünstigen kann, wenn sie zu nah an der Haupteinspritzung und/oder zu groß appliziert wird. Der Einfluss der zweiten Voreinspritzung (Pil2) ist etwas geringer.

Kohlenmonoxid

Dieselmotorische CO-Emissionen sind vor allem in Betriebszuständen kritisch, in denen der Oxidationskatalysator seine Betriebstemperatur noch nicht erreicht hat, also während des Warmlaufs nach Motorstart. Diese Betriebszustände können mittels stationärer Untersuchungen am Motorprüfstand nicht abgebildet werden. Die in Bild 5.8 dargestellten Verläufe basieren auf stationären Untersuchungen mit betriebswarmem Motor und besitzen daher nur eine eingeschränkte quantitative Aussagekraft hinsichtlich Kaltstart und Warmlauf. Dennoch lassen sich aus den generierten DoE-Modellen applikative Maßnahmen zur Reduzierung der CO-Emissionen ableiten. Ergänzende Untersuchungen zum Temperatureinfluss werden in Kap. 5.3.4 vorgestellt.

Bild 5.8 zeigt die modellierten CO-Emissionen im Single-Influence-Plot. Da die spezifischen CO-Emissionen bei sehr niedrigen Lasten um Größenordnungen höher als im mittleren und höheren Teillastbereich liegen, sind neben den Ergebnissen des Betriebspunktes 1000/4 auch die Ergebnisse des Betriebspunktes 1250/4 als weiterer Vertreter des Niedriglastbereichs dargestellt. Die Vermessung im Betriebspunkt 1250/4 erfolgte allerdings irrtümlich bei konstanter Drallklappenstellung. Daher kann der

Einfluss des Drallniveaus auf die CO-Emissionen für diesen Betriebspunkt nicht angegeben werden.

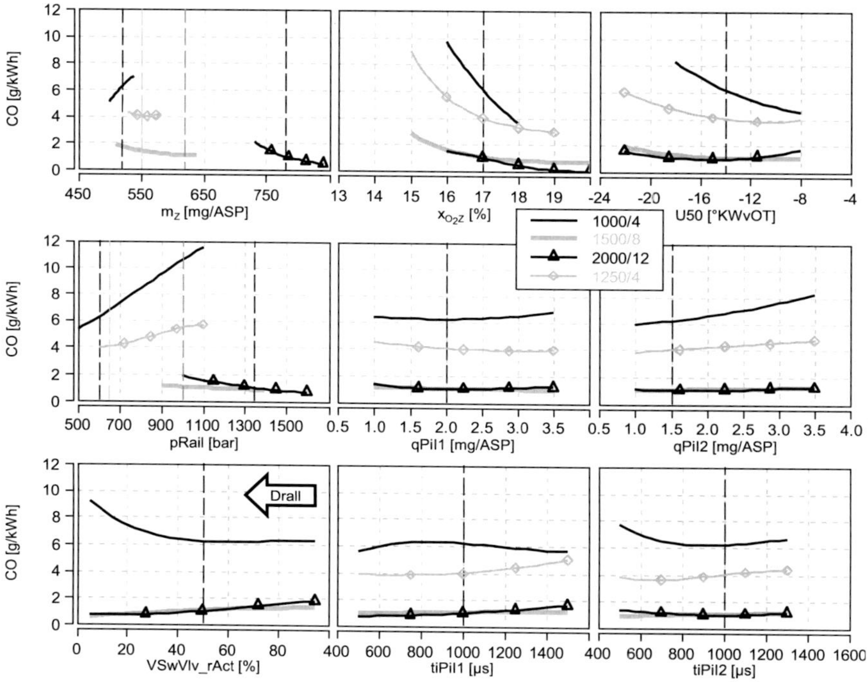

Bild 5.8: Einfluss von Füllungs- und Einspritzparametern auf die CO-Emissionen

Haupteinflussgrößen auf die CO-Emissionen sind nach Bild 5.8 die Sauerstoffkonzentration, der Verbrennungsschwerpunkt sowie der Raildruck.

Erwartungsgemäß steigen die CO-Emissionen mit sinkender Sauerstoffkonzentration und zunehmender Verlagerung der Verbrennung in die Expansion: Die sinkende Sauerstoffkonzentration reduziert die Verfügbarkeit an Oxidationsmittel, die Spätverschiebung der Verbrennung senkt das Temperaturniveau, welches wiederum maßgeblichen Einfluss auf die Reaktionsgeschwindigkeit der Oxidation besitzt [49].

Der Einfluss des Raildrucks auf die CO-Emissionen ist abhängig vom betrachteten Betriebspunkt. Bei mittleren und höheren Lasten kann ein erhöhter Einspritzdruck zu einer Reduzierung der CO-Emissionen beitragen; im Niedriglastbereich dagegen steigen die CO-Emissionen mit zunehmendem Raildruck sehr stark an. Die Ursachen für dieses Verhalten können alleine auf Basis der Emissionsmodelle nicht eindeutig geklärt werden. Einen Erklärungsansatz liefert die mit dem Einspritzdruck steigende dampfförmige Eindringtiefe des Kraftstoffstrahls, vgl. [74]. Die somit prinzipiell mit dem Raildruck zunehmende Lufterfassung kann bei mittleren und höheren Lasten die CO-Oxidation unterstützen. Im Niedriglastbereich hingegen sind einerseits die thermischen Bedingungen für die CO-Oxidation ohnehin ungünstiger, andererseits wird durch die vermehrte Bildung magerer Gemischzonen die Wahrscheinlichkeit, dass die Oxidation „einfriert", weiter erhöht.

Analog zum Einfluss des Raildrucks lässt sich der Einfluss der Drallklappenstellung auf die CO-Emissionen interpretieren. Im mittleren und höheren Teillastbereich kann ein steigendes Drallniveau die Lufterfassung und somit die CO-Oxidation fördern. Im Niedriglastbereich hingegen wirkt die zunehmende Turbulenz im Brennraum oxidationshemmend.

Allgemein bleibt der Effekt von Mengenverteilung und Timing der Voreinspritzungen ebenso wie die Stellung der Drallklappe hinter dem Einfluss der restlichen Variationsparametern zurück, muss jedoch aufgrund teils hoher Gradienten an den Variationsgrenzen bei der Applikation berücksichtigt werden.

5.3.2 Wirkungsgrad

Die Bewertung der Energieeffizienz erfolgt auf Basis der thermodynamischen Verlustteilung wie in [86] beschrieben. Ausgehend vom idealen Gleichraumprozess, dessen Wirkungsgrad ausschließlich vom Verdichtungsverhältnis und vom als konstant angenommenen Isentropenexponent abhängt, lassen sich mittels nulldimensionaler Prozessrechnung die Wirkungsgradverluste aus

- realer Ladung $\Delta\eta RL$
  (reale Gasmasse und -zusammensetzung bei ES; konstante zusammensetzungsabhängige Stoffwerte)
- realer Schwerpunktlage $\Delta\eta SWP$
  (Abweichung des Verbrennungsschwerpunkts vom wirkungsgradoptimalen OT)
- HC- und CO-Emissionen $\Delta\eta HC/CO$
  (unvollständige und unvollkommene Verbrennung)
- realem Brennverlauf $\Delta\eta RBV$
  (endliche Brenndauer)

- realen kalorischen Gaseigenschaften $\Delta\eta RK$
  (druck-, temperatur- und zusammensetzungsabhängige Stoffwerte)
- Wandwärmeübergang $\Delta\eta QW$
- realen Steuerzeiten $\Delta\eta SZ$
  (Kompressions- und Expansionsverluste)
- Ladungswechsel $\Delta\eta LW$ und
- Reibung
  (mechanische Verluste inklusive der Antriebsleistung der Nebenaggregate)

ausweisen.

Analog zu den bisher genannten Zielgrößen lassen sich die Zusammenhänge zwischen den einzelnen Wirkungsgradverlusten und den Variationsparametern durch Polynome approximieren, wenn für alle Messpunkte eine entsprechende Verlustteilung berechnet wird.

Im Folgenden werden wiederum stellvertretend die Betriebspunkte 1000/4, 1500/8 und 2000/12 diskutiert. Die Berechnungen wurden mit der Analyse-Software TIGER der Fa. EnginOs durchgeführt, die Modellbildung wiederum mit EasyDoE (IAV).

Die Qualität der Modelle ist zum großen Teil als sehr gut zu bewerten, vgl. Anhang A2. Von mittlerer Qualität und daher mit einer etwas höheren Unsicherheit behaftet sind die Modelle für die Verluste aus realem Brennverlauf. Lediglich die Verluste durch HC-/CO-Emissionen und reale Steuerzeiten weisen unzureichende Regressionskoeffizienten auf, was jedoch aufgrund der sehr geringen Verluste bzw. der sehr geringen Streuung vernachlässigt werden kann.

Ausgehend vom Wirkungsgrad des idealen Gleichraumprozesses $\eta_{GR\ ideal}=66,8\%$ ($\varepsilon=15,8;\ \kappa=1,4$) ergeben sich durch Abzug der einzelnen Verlustanteile letztlich der indizierte Hochdruckwirkungsgrad η_{iHD} und der indizierte Gesamtwirkungsgrad η_i, Bild 5.9.

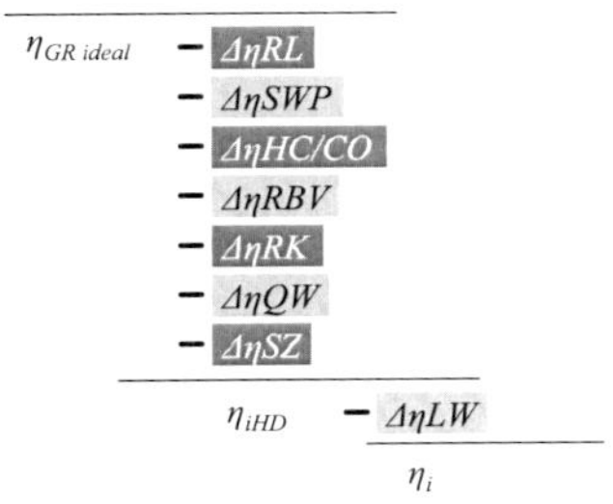

Bild 5.9: Bilanzierung der Wirkungsgradverluste

Der mechanische Verlust resp. der effektive Gesamtwirkungsgrad werden nicht betrachtet.

Bild 5.10 zeigt exemplarisch für den Betriebspunkt 1500/8 die modellierten Verlustanteile im Single-Influence-Plot. Aus der Darstellung in Form gestapelter Flächen lässt sich ableiten, welche Verlustanteile in welcher Größenordnung am ausgeführten Motor durch die variierten Parameter beeinflussbar sind. Die obere Grenze der gestapelten Flächen entspricht dem Wirkungsgrad des idealen Gleichraumprozesses, der indizierte Wirkungsgrad bildet nach Abzug der einzelnen Verlustanteile die untere Grenze.

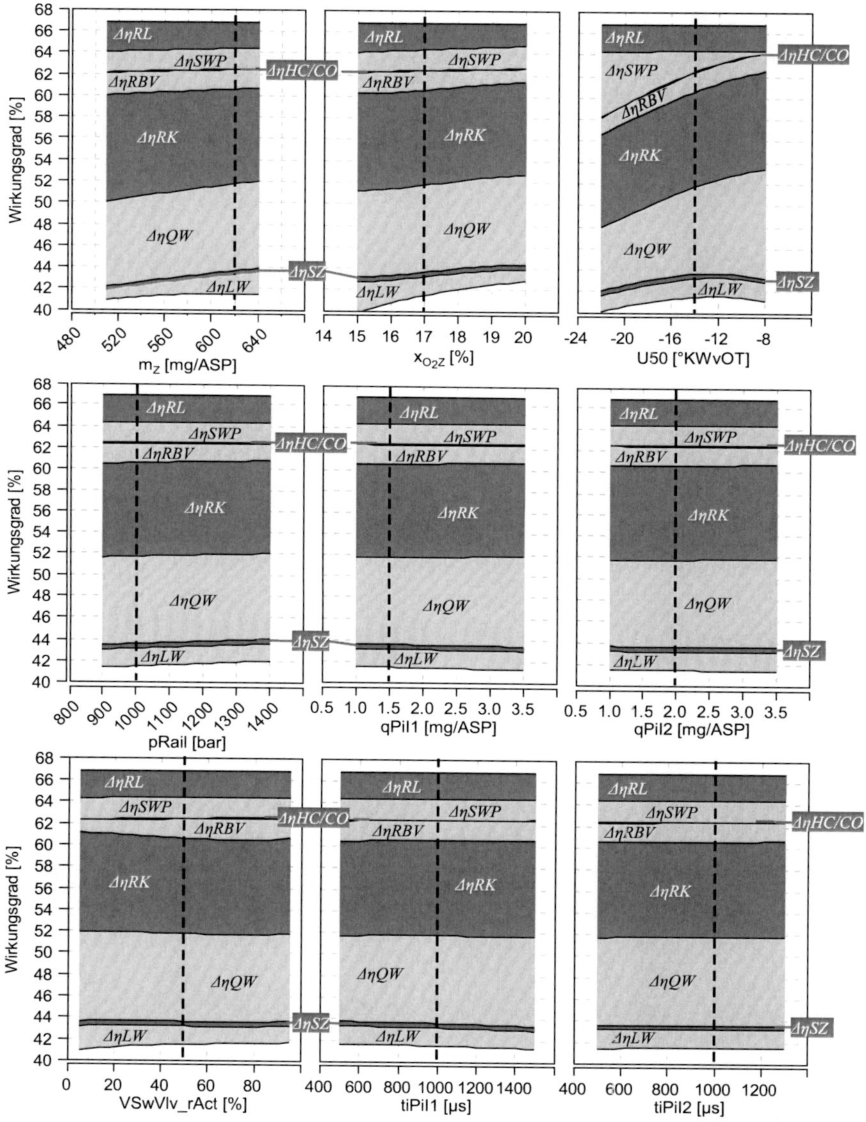

Bild 5.10: Modellierte Wirkungsgradverluste für den Betriebspunkt 1500/8

Der Einfluss von **Lage und Mengenverteilung der Voreinspritzungen** auf die Wirkungsgradverluste ist bei gleichbleibender Schwerpunktlage als vernachlässigbar zu bezeichnen.

Der **Einspritzdruck** nimmt über Brennverlaufsform und Wandwärmeverluste in geringem Maß Einfluss auf den Hochdruckwirkungsgrad. Die mit dem Einspritzdruck erhöhte Einspritzrate und die durch den Kraftstoffstrahl eingebrachte Turbulenz reduzieren offenbar die Brenndauer, ohne dabei die Wandwärmeverluste negativ zu beeinflussen. Der Ladungswechsel wird nicht erkennbar beeinflusst, zu bewerten bleibt jedoch die benötigte Antriebsleistung der Hochdruckpumpe, die als Bestandteil des mechanischen Wirkungsgrades in den vorliegenden Untersuchungen nicht berücksichtigt wird.

Ein hohes **Drallniveau** reduziert bei gleichbleibender Füllung die Brenndauer (zunehmende Homogenisierung) und somit die Verluste durch realen Brennverlauf. Dieser Effekt wird jedoch durch einen erhöhten Wärmeübergang und Nachteile in den temperaturabhängigen kalorischen Gaseigenschaften kompensiert. Der für gleichbleibende Füllung mit dem Drall zunehmende Ladungswechselaufwand bewirkt schließlich, dass der indizierte Gesamtwirkungsgrad ein Maximum bei vollständig geöffneter Drallklappe aufweist.

Mit zunehmender **Zylindermasse** wird das Zylinderluftverhältnis angehoben. In der Folge sinken die Verluste durch reale Ladung und Realgaskalorik. Weiterhin ergibt sich durch die erhöhte Wärmekapazität der Zylinderladung ein niedrigeres Temperaturniveau während der Verbrennung, so dass auch die Wandwärmeverluste abnehmen. Folglich nimmt der Hochdruckwirkungsgrad mit der Zylindermasse kontinuierlich zu. Gleichzeitig steigt jedoch der Ladungswechselaufwand, so dass der indizierte Wirkungsgrad über der Zylindermasse letztendlich einen parabelförmigen Verlauf mit einem Maximum aufweist, dessen Lage von Betriebspunkt, AGR-Rate und Auslegung der Aufladegruppe abhängt.

Mit sinkender **Sauerstoffkonzentration** resp. steigendem Inertgasanteil sinkt der Adiabatenexponent des Gasgemischs; entsprechend steigen die Verluste aus realer Ladung und realer Kalorik. Gleichzeitig sinkt mit zunehmendem Inertgasanteil die Reaktionsgeschwindigkeit, was sich in steigenden Verlusten durch realen Brennverlauf sowie abnehmenden Wandwärmeverlusten niederschlägt. In Summe ergibt sich ein mit sinkendem Sauerstoffgehalt nennenswert abnehmender Hochdruckwirkungsgrad. Gleichzeitig nehmen für den Fall der untersuchten HD-AGR die Ladungswechselverluste zu. Dies ist auf das sinkende Enthalpieangebot an der Turbine des ATL sowie auf die Verschiebung des Arbeitspunktes im Verdichterkennfeld hin zu geringerem Durchsatz bei tendenziell steigendem Druckverhältnis zurückzuführen.

Die wirkungsgradoptimale **Lage der Verbrennung** ergibt sich aus dem Zielkonflikt zwischen thermodynamisch optimaler Lage im OT und möglichst geringen Wandwärmeverlusten durch Verschiebung der Verbrennung in die Expansion. Da bei einer Verschiebung der Verbrennung in die Expansion die Verluste durch nicht optimale Schwerpunktlage schneller steigen als die Wandwärmeverluste sinken, ergibt sich ein Maximum des Wirkungsgrades bei ca. 10-12°KWnOT.

Qualitativ gelten die bisherigen Aussagen unabhängig von Drehzahl und Last, weshalb auf die ausführliche Darstellung der Betriebspunkte 1000/4 und 2000/12 in Form von Single-Influence-Plots verzichtet wird. Quantitativ gibt es jedoch signifikante Unterschiede zwischen den untersuchten Betriebspunkten, auf die im Folgenden näher eingegangen werden soll.

Bild 5.11 zeigt einen Vergleich der modellierten Wirkungsgradverluste zwischen den Betriebspunkten 1000/4, 1500/8 und 2000/12 für die Standardkombination der Variationsparameter (Tabelle 5.3). Da die gezeigten Wirkungsgradverluste für identische Sauerstoffkonzentration und Einspritzparameter (mit Ausnahme des Einspritzdrucks) errechnet werden, unterscheiden sich beide Betriebspunkte neben der Drehzahl hauptsächlich durch das Verhältnis von Wärmekapazität der Zylinderladung zu Einspritzmenge. Bei konstantem Inertgasanteil steigt die Wärmekapazität der Zylinderladung proportional zur Zylindermasse. Das in Kap. 3 definierte effektive Luftverhältnis λ_e beschreibt für den in Bild 5.11 dargestellten Vergleich somit direkt das Verhältnis von Wärmekapazität der Zylinderladung zu Einspritzmenge. Mit abnehmender Last, resp. steigendem λ_e, sinken die potentielle Erwärmung der Zylinderladung und damit auch die Verluste durch reale Ladung und reale Kalorik.

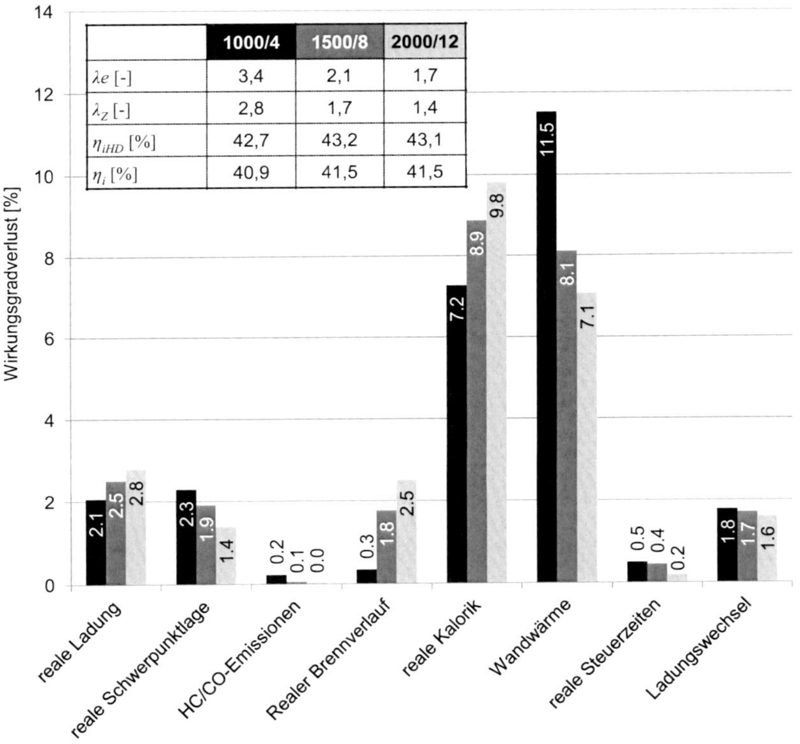

Bild 5.11: Einfluss des Betriebspunktes auf die modellierten Wirkungsgradverluste Darstellung für Standardkombination der Variationsparameter, s. Tabelle 5.3

Auffällig und erklärungsbedürftig erscheint der Einfluss von Last und Drehzahl auf die Verluste durch reale Schwerpunktlage. Trotz der für alle drei Betriebspunkte identischen Schwerpunktlage von 14°KWnOT nehmen mit steigender Last und Drehzahl die Verluste durch reale Schwerpunktlage ab.

Die Verluste durch reale Schwerpunklage werden durch Betrachtung eines idealen Gleichraumprozesses mit Wärmefreisetzung im Verbrennungsschwerpunkt ermittelt, was im pV-Diagramm anschaulich durch ein modifiziertes Verdichtungsverhältnis dargestellt werden kann, vgl. [86]. Aus dieser Betrachtungsweise folgt, dass die Verluste durch reale Schwerpunktlage von den Verlusten durch reale Ladung abhängen. Je höher die Verluste durch reale Ladung, desto kleiner wird der durch das modifizierte Verdichtungsverhältnis verursachte Verlust an Volumenänderungsarbeit, wie der Vergleich der in Bild 5.12 skizzierten Flächen verdeutlicht.

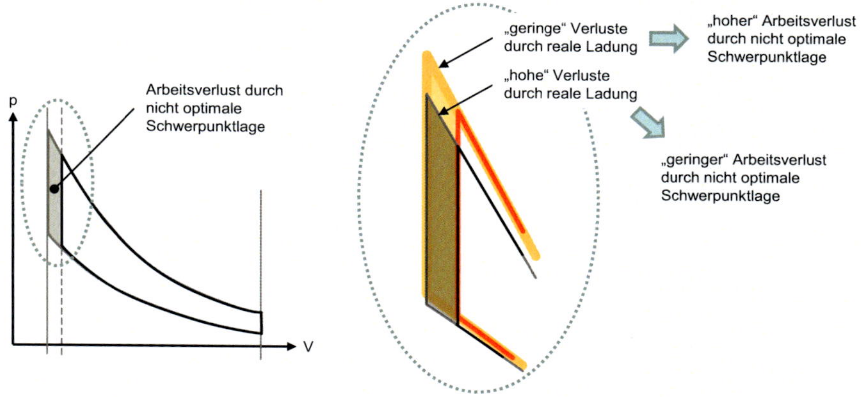

Bild 5.12: Abhängigkeit der Wirkungsgradverluste durch reale Ladung und reale Schwerpunktlage

Der trotz identischer Schwerpunktlage ermittelte Einfluss des Betriebspunktes auf die Verluste durch reale Schwerpunktlage ist also auf die unterschiedlichen Füllungsverhältnisse mit den sich daraus ergebenden unterschiedlich hohen Verlusten durch reale Ladung zurückzuführen.

Da bei der dieselmotorischen Verbrennung ein Teil des Kraftstoffes diffusionskontrolliert und somit relativ langsam verbrennt, steigt mit der Last, resp. der Einspritzmenge, auch die Brenndauer. Dies äußert sich in der Wirkungsgradanalyse durch mit der Last steigende Verluste durch realen Brennverlauf.

Sowohl mit der Last als auch mit der Drehzahl nehmen die Verluste durch Wandwärmeübergang ab. Der Drehzahleinfluss erklärt sich mit der drehzahlabhängigen Zeitspanne, die für den Wärmeübergang zur Verfügung steht. Je höher die Drehzahl, desto weniger Zeit steht für den Wärmetransport über die Brennraumwände zur Verfügung und desto niedriger ist entsprechend die integrale Energiemenge, die den Brennraum verlässt. Bei sehr niedrigen Lasten ist weiterhin der auf die eingebrachte Kraftstoffenergie bezogene Energieanteil, der durch Wandwärmeübergang verloren geht, überproportional höher als im mittleren und höheren Teillastbereich.

Da die Steuerzeiten am Versuchsträger konstant sind, ist der Betriebspunkteinfluss auf die Wirkungsgradverluste innerhalb des Teillastbereichs ebenso wie die Verluste durch den Ladungswechsel sehr gering.

Zusammenfassend ergeben sich im Hinblick auf eine wirkungsgradorientierte Kalibrierung der Variationsparameter folgende Schlussfolgerungen:

- Die Haupteinflussgrößen auf den Hochdruckwirkungsgrad sind Zylindermasse und Gaszusammensetzung sowie die Schwerpunktlage der Verbrennung. Während der Hochdruckwirkungsgrad mit Zylindermasse und Sauerstoffgehalt kontinuierlich steigt, ergibt sich hinsichtlich der Verbrennungslage ein Optimum im Bereich um 10-12°KWnOT.
- Die Ladungswechselverluste nehmen mit steigender Füllung zu. Abhängig von Drehzahl und Last ergibt sich somit für den indizierten Gesamtwirkungsgrad eine optimale Zylindermasse knapp unterhalb der maximal darstellbaren.
- Wird der Verbrennungsschwerpunkt konstant gehalten, ist der Einfluss von Voreinspritzungen und Einspritzdruck auf den Hochdruckwirkungsgrad wie auch auf die Ladungswechselverluste sehr gering.
- Im Fall der untersuchten HD-AGR wird der negative Einfluss eines zunehmenden Inertgasanteils resp. einer abnehmenden Sauerstoffkonzentration auf den Hochdruckwirkungsgrad durch den zunehmenden Ladungswechselaufwand noch verstärkt.
- Wird der Drall im Brennraum füllungsneutral variiert, ist der Einfluss auf den Hochdruckwirkungsgrad gering. Eventuelle Vorteile durch einen schnelleren Energieumsatz bei hohem Drall werden durch erhöhte Wandwärmeverluste egalisiert. Der Gesamtwirkungsgrad sinkt mit steigendem Drall aufgrund der Ladungswechselarbeit, die für gleichbleibende Füllung mit dem Drall steigt. Dieser Effekt nimmt mit steigender Last und Drehzahl aufgrund des insgesamt steigenden Füllungsniveaus bei gleichbleibenden Querschnitten im Ansaugtrakt zu.

5.3.3 Verbrennungsgeräusch

Das aus dem maximalen Zylinderdruckgradienten ermittelte Verbrennungsgeräusch ist direkt gekoppelt mit der Energieumsatzrate und somit abhängig von den physikalisch-chemischen Vorgängen während der Gemischaufbereitung und der Selbstzündung. Deutlicher als bei anderen Zielgrößen treten hier Wechselwirkungen zwischen den Variationsparametern auf, die eine wissens- oder erfahrungsbasierte Applikation erschweren.

Allgemein lässt sich ein mit Last und Drehzahl steigendes Geräuschniveau feststellen. Bild 5.13 zeigt für alle untersuchten Betriebspunkte das modellierte Verbrennungsgeräusch für die Standardparameterkombination (s. Tabelle 5.3).

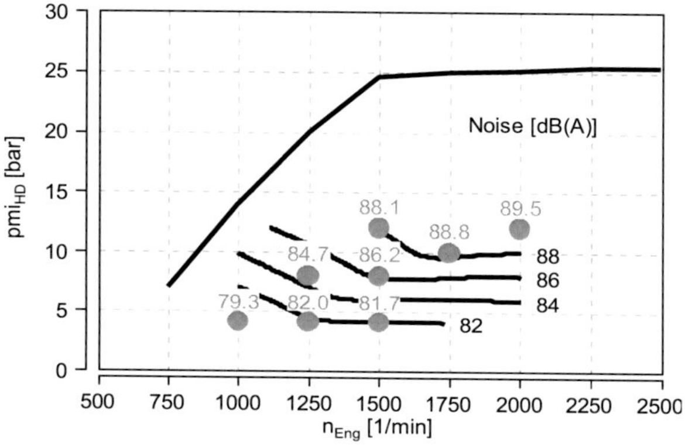

Bild 5.13: Einfluss von Drehzahl und Last auf das Verbrennungsgeräusch

Die Wirkung der einzelnen Variationsparameter auf das Verbrennungsgeräusch ist teilweise betriebspunktabhängig und stark von Wechselwirkungen zwischen Füllungs- und Einspritzparametern geprägt. Grundsätzlich steigt unabhängig von Last und Drehzahl das Geräuschniveau mit Annäherung der Verbrennung an den OT sowie mit zunehmendem Raildruck, Bild 5.14.

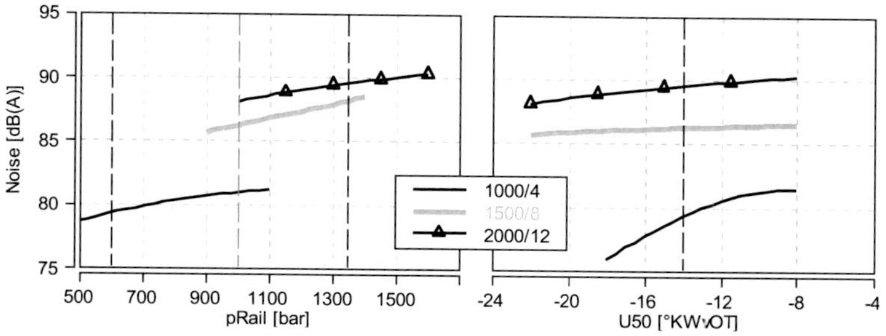

Bild 5.14: Einfluss von Raildruck und Verbrennungslage auf das Verbrennungsgeräusch

Für die restlichen Parameter kann eine eindeutige Tendenz jedoch aufgrund der Wechselwirkungen nicht angegeben werden. Insbesondere Gaszusammensetzung und

Voreinspritzungen beeinflussen sich gegenseitig in ihrer Wirkung auf den Zündverzug und somit auf den geräuschbestimmenden Vormischanteil der Verbrennung. Bild 5.15 zeigt exemplarisch für den Betriebspunkt 1500/8 eine modellierte Variation der Sauerstoffkonzentration im Zylinder mit der Einspritzmenge der Pil2 als Parameter. Während bei kleiner Voreinspritzmenge das Geräusch mit abnehmendem Sauerstoffanteil zunimmt, kehrt sich dieser Effekt bei großer Einspritzmenge um, sodass die Verbrennung mit abnehmender Sauerstoffkonzentration leiser wird.

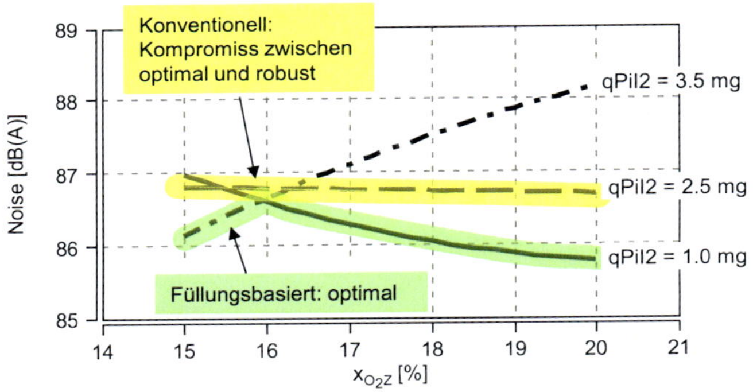

**Bild 5.15: Einfluss von Gaszusammensetzung und Voreinspritzmenge (Pil2) auf das Verbrennungsgeräusch
Betriebspunkt 1500/8**

Obwohl eine detaillierte Analyse der innermotorischen Vorgänge alleine auf Basis der statistischen Modelle nicht möglich ist, zeigt Bild 5.15 doch sehr anschaulich das Potential einer füllungsabhängigen Steuerung der Einspritzparameter im Hinblick auf die Geräuschemission. Ohne funktionalen Bezug zwischen Zylinderladung und Einspritzung müssen die Einspritzparameter so appliziert werden, dass extreme Auswirkungen bei Schwankungen beispielsweise der Gaszusammensetzung im Zylinder vermieden werden. Eine solche Applikation stellt oftmals nur einen Kompromiss zwischen robuster und optimaler Kalibrierung dar. Werden die Parameter der Einspritzung dagegen abhängig von der Zylinderladung festgelegt, kann für jeden Zustand im Zylinder die optimale Parameterkombination vorgegeben werden.

Weiterhin wird deutlich, dass die Identifikation der optimalen Parameterkombination im hochdimensionalen Applikationsraum nur modellbasiert erfolgen kann, da dessen vollständige Vermessung nicht mit vertretbarem Aufwand realisierbar ist.

5.3.4 Untersuchungen zum Temperatureinfluss

Als wesentliches Manko der auf Basis stationärer Messergebnisse generierten Modelle muss die Einschränkung des Gültigkeitsbereichs auf die thermischen Bedingungen der Prüfstandsmessungen gelten. Da Selbstzündung, Verbrennung und Schadstoffbildung mitunter stark temperaturabhängig sind, bilden die Modelle lediglich das motorische Verhalten bei betriebswarmem Motor und definierter Ansauglufttemperatur ab. Zwar stellt dies keine spezifische Problematik modellbasierter Methoden dar, schließlich unterliegen die Ergebnisse konventioneller Prüfstandsuntersuchungen denselben Einschränkungen. Dennoch scheint eine zumindest näherungsweise Bewertung von Temperatureinflüssen insbesondere für die Entwicklung zylinderbezogener Steuerungsansätze vorteilhaft.

Zu diesem Zweck wurden die beiden Betriebspunkte 1250/4 und 1500/8 zweifach vermessen: Zunächst bei betriebswarmem Motor (Kühlmittel-Eintrittstemperatur 60°C) mit ordnungsgemäß arbeitendem Thermostat, anschließend mit zwangsgeöffnetem Thermostat und auf 30°C konditionierter Kühlmittel-Eintrittstemperatur. Zusätzlich wurde die Ladeluftkühlung intensiviert, um möglichst kalte Bedingungen im Brennraum zu erzeugen. Eine Trennung der Wirkungen von Gastemperatur und Motortemperatur kann auf Basis dieser Untersuchungen nicht vorgenommen werden. Aufgrund des Versuchsaufbaus und der Dimensionierung des Ladeluftkühlers überwiegt für den Betriebspunkt 1250/4 der Einfluss der Kühlmitteltemperatur, für den Betriebspunkt 1500/8 mit höheren Gasdurchsätzen dominiert der Einfluss der Gastemperatur.

Für die vier Messdatensätze wurden jeweils getrennte Modelle für Wirkungsgrad, Emissionen und Geräusch antrainiert. Im Folgenden soll auf die wesentlichen Erkenntnisse eingegangen werden, die aus dem Vergleich zwischen „warmen“ und „kalten“ Modellen abzuleiten sind. Der Betriebspunkt 1250/4 repräsentiert hierbei den Niedriglastbereich, der Betriebspunkt 1500/8 den mittleren Teillastbereich.

Im Vordergrund des Interesses stehen neben Auswirkungen auf das allgemeine Niveau der Zielgrößen insbesondere Änderungen in der Charakteristik oder der Sensitivität gegenüber einzelnen Einflussgrößen. Weiterhin lassen sich bereits aus zwei untersuchten Betriebspunkten allgemeine Richtlinien für Anpassungen der Applikationsparameter unter kalten Bedingungen ableiten.

Untere Teillast

Den Vergleich zwischen „warm“ und „kalt“ für den Niedriglastbereich zeigt Bild 5.16, ausgewertet für die Standardparameterkombination. Zunächst fallen die unter kalten Bedingungen immens erhöhten CO-Emissionen auf. Dies ist umso bedeutsamer, als die CO-Emissionen bereits im betriebswarmen Zustand im Niedriglastbereich deutlich über den Werten des mittleren Teillastbereichs liegen, vgl. Kap. 5.3.1.

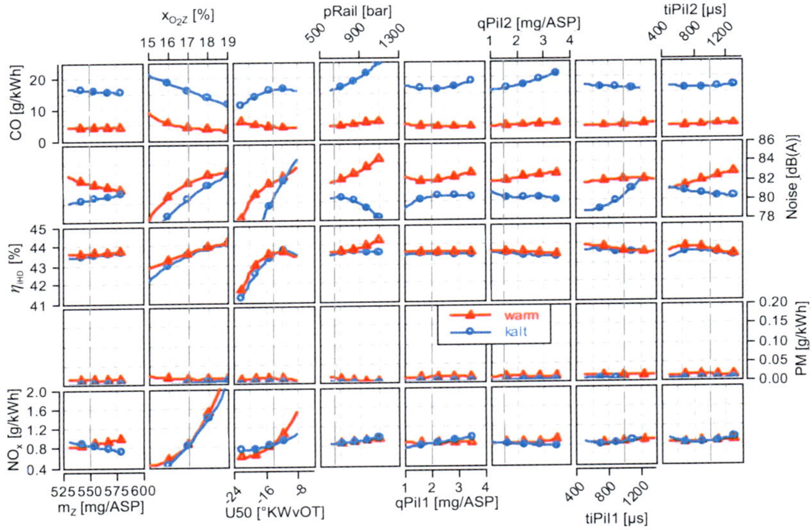

Bild 5.16: Temperatureinfluss im Niedriglastbereich Betriebspunkt 1250/4

Da weiterhin davon ausgegangen werden muss, dass während des Motorwarmlaufs der DOC seine Light-Off-Temperatur noch nicht erreicht hat, stellen die CO-Emissionen den Optimierungsschwerpunkt für den Niedriglastbereich dar.

Im Vergleich zum betriebswarmen Zustand weisen die CO-Emissionen unter kalten Bedingungen gegenüber dem Einspritzdruck und der Einspritzmenge der Pil2 eine erhöhte Sensitivität auf. Zudem scheint im Gegensatz zum betriebswarmen Zustand eine Spätverschiebung der Verbrennung günstig, wobei allerdings massive Einbußen im Wirkungsgrad sowie in den hier nicht dargestellten HC-Emissionen hinzunehmen sind.

Auffällig sind die Unterschiede in der Charakteristik des Verbrennungsgeräuschs. Insbesondere der Verbrennungsschwerpunkt, aber auch die zeitliche Lage der Voreinspritzungen sind als geräuschrelevante Applikationsparameter für den „kalten" Betrieb sorgfältig anzupassen.

Die Stickoxidemissionen erweisen sich in diesem Lastbereich als nahezu unabhängig von den Temperaturbedingungen, während die ohnehin niedrigen Partikelemissionen unter kalten Bedingungen in den Bereich der Nachweisgrenze des Messverfahrens sinken.

Im Hinblick auf Applikationsanpassungen für kalte Bedingungen wird deutlich, dass eine wirksame Begrenzung der CO-Emissionen im Niedriglastbereich nur durch gemeinsame Anpassung von Füllungs- und Einspritzparametern erreicht werden kann. Im Sinne einer allgemeinen Richtlinie lassen sich aus den gezeigten Untersuchungen gegenüber dem betriebswarmen Zustand eine tendenziell höhere Sauerstoffkonzentration, ein abgesenkter Raildruck und nahe der Haupteinspritzung positionierte Voreinspritzungen ableiten.

Mittlere Teillast

Im mittleren Teillastbereich fällt die Erhöhung der CO-Emissionen unter kalten Bedingungen wesentlich moderater aus, Bild 5.17. Zu beachten sind jedoch die gesteigerte Sensitivität gegenüber Zylindermasse und Schwerpunktlage, sowie die im Gegensatz zum warmen Betrieb negativen Auswirkungen hohen Raildrucks.

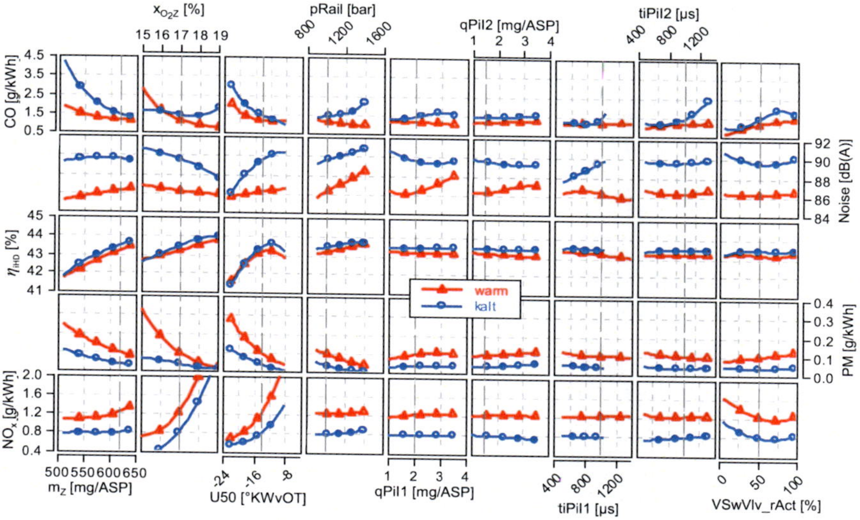

Bild 5.17: Temperatureinfluss bei mittlerer Teillast Betriebspunkt 1500/8

Im Gegensatz zum Niedriglastbereich ist bei mittlerer Teillast ein unter kalten Bedingungen signifikant höheres Geräuschniveau festzustellen. Da gleichzeitig die Partikelemissionen auf einem deutlich niedrigeren Niveau liegen, kann hier von einer temperaturbedingten Verlängerung des Zündverzugs mit entsprechend erhöhtem Vormisch-Anteil der Verbrennung ausgegangen werden. Da durch das homogenere Gemisch insbesondere die Rußbildung reduziert wird, zeigen sich die Partikelemissionen zudem etwas robuster gegenüber oxidationshemmenden Einflussgrößen wie Sauerstoffkonzentration oder Verbrennungslage.

Wie im Niedriglastbereich sind unter kalten Bedingungen insbesondere hinsichtlich des Verbrennungsgeräuschs Änderungen in Charakteristik und Sensitivität zu beobachten:

- Ein deutlich steilerer Gradient gegenüber der Verbrennungslage
- Teils unterschiedliche Reaktionen auf Änderungen in Lage und Mengenverteilung der Voreinspritzungen
- Leicht gesteigerte Sensitivität gegenüber der Sauerstoffkonzentration im Zylinder

Für Emissionen und Wirkungsgrad bleiben jedoch die Charakteristika qualitativ weitgehend erhalten, so dass applikative Maßnahmen für den „kalten" Betrieb auch aus den „warmen" Modellen abgeleitet werden können.

Im Sinne einer allgemeinen Applikations-Richtlinie für den mittleren Teillastbereich unter kalten Bedingungen lassen sich analog zum Niedriglastbereich ein etwas höherer Sauerstoffanteil, ein abgesenkter Raildruck sowie nahe der Haupteinspritzung positionierte Voreinspritzungen ableiten. Auch leicht erhöhte Voreinspritzmengen und eine moderat nach spät verschobene Verbrennung können aus akustischen Gründen sinnvoll sein.

Im Unterschied zum Niedriglastbereich lässt sich in der mittleren Teillast eine deutliche Reduzierung der Stickoxidemissionen unter kalten Bedingungen beobachten, was auf die hier stärkere Absenkung der Gastemperatur am Motoreintritt zurückzuführen ist. Die akustisch vorteilhafte Erhöhung des Sauerstoffanteils kann somit prinzipiell ohne Nachteile bzgl. der Stickoxidemissionen erfolgen.

Dem Wirkungsgradnachteil durch die Spätverschiebung während des Motorwarmlaufs steht der damit einhergehende Gewinn an Abgasenthalpie entgegen, was zu einem schnelleren Aufheizen des DOC beiträgt.

Der unter kalten Bedingungen etwas erhöhte Hochdruck-Wirkungsgrad ist auf niedrigere Prozesstemperaturen und die damit einhergehende günstigere Kalorik des

Arbeitsgases bei nur minimal erhöhten Wandwärmeverlusten zurückzuführen, Bild 5.18. Der Ladungswechsel egalisiert jedoch letztlich die Wirkungsgradunterschiede bezogen auf den Gesamtzyklus. Nicht dargestellt sind die mechanischen Verluste, für die aufgrund erhöhter Reibung unter kalten Bedingungen nennenswerte Nachteile zu erwarten sind.

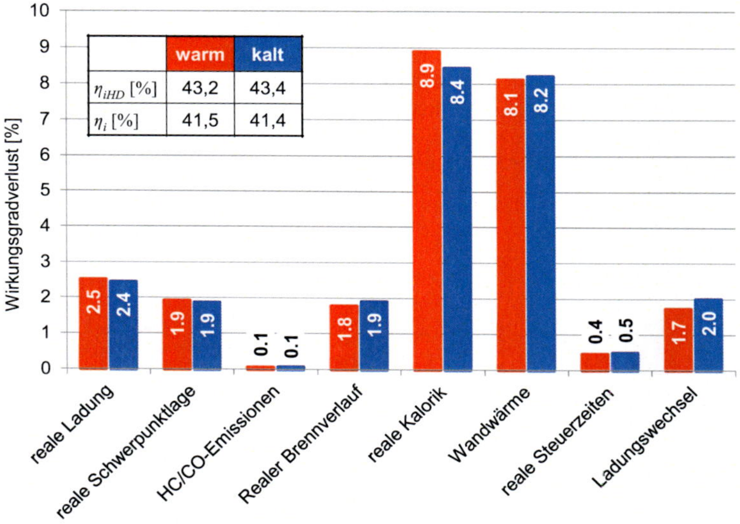

Bild 5.18: Temperatureinfluss auf die modellierten Wirkungsgradverluste Betriebspunkt 1500/8; Standardkombination der Variationsparameter

5.3.5 Zusammenfassung und Schlussfolgerungen

Emissionen und Hochdruckwirkungsgrad werden unabhängig von Last und Drehzahl ganz wesentlich durch die Zylindermasse, die Sauerstoffkonzentration im Zylinder und die Schwerpunktlage der Verbrennung bestimmt. Die Emissionen hängen darüber hinaus auch von Raildruck und Drall ab, während Lage und Mengenverteilung der Voreinspritzungen bei konstant gehaltener Verbrennungslage einen vergleichsweise geringen Einfluss besitzen.

Das Verbrennungsgeräusch zeigt für das Einspritzmuster mit zwei Voreinspritzungen eindeutige Abhängigkeiten von Verbrennungslage und Raildruck und wird ansonsten stark von betriebspunktabhängigen Wechselwirkungen zwischen Füllungs- und Einspritzparametern geprägt.

Damit ist zunächst die Korrelation zwischen den betrachteten charakteristischen Kenngrößen der Zylinderladung und den motorischen Zielgrößen bestätigt, womit ein wesentliches Ziel der experimentellen Untersuchungen erreicht wurde. Die in Kap. 3 theoretisch hergeleiteten und nunmehr experimentell bestätigten Kenngrößen Zylindermasse und Sauerstoffkonzentration im Zylinder sind somit ebenso wie die Drallklappenstellung als Maß für das relative Drallniveau im Zylinder für die Verwendung als Führungsgröße innerhalb eines füllungsbasierten Einspritzmanagements qualifiziert.

Die abschätzenden Untersuchungen zum Temperatureinfluss zeigen, dass Charakteristik und Sensitivität von Emissionen und Wirkungsgrad gegenüber den Variationsparametern nur begrenzt temperaturabhängig sind. Das absolute Niveau insbesondere der Emissionen kann jedoch je nach Lastpunkt erhebliche Abhängigkeiten von der Temperatur aufweisen. In erster Näherung und rein qualitativ können die für den betriebswarmen Zustand erstellten Emissions- und Wirkungsgradmodelle auch unter kalten Bedingungen für die Optimierung der Applikationsparameter herangezogen werden. Das Geräuschverhalten muss allerdings gesondert betrachtet werden, hier muss mit Änderungen in Charakteristik und Sensitivität gerechnet werden.

Zielkonflikte in der Applikation ergeben sich im mittleren und höheren Lastbereich zwischen Partikeln und Stickoxiden sowie im Niedriglastbereich zwischen Stickoxiden und CO-Emissionen. Mit Erhöhung des Einspritzdrucks kann der Trade-Off zwischen Stickoxiden und Partikeln entschärft werden, was jedoch aufgrund der negativen, wechselwirkungsbehafteten akustischen Auswirkungen nur begrenzt möglich ist.

Im Hinblick auf ein füllungsbasiertes Einspritzmanagement lassen sich aus den Erkenntnissen der experimentellen Untersuchungen zwei wesentliche Ansatzpunkte ableiten, wie die Einspritzparameter in Abhängigkeit der Zylinderladung vorteilhaft variiert werden können:

- Zum einen kann insbesondere durch eine von der Gaszusammensetzung abhängige Verschiebung der Verbrennungslage Einfluss auf CO, Partikel und Stickoxide genommen werden. Spätverschiebung bei hohen Sauerstoffkonzentrationen begrenzt die Stickoxidemissionen, Frühverschiebung bei niedrigen Zylinder-Luftverhältnissen verbessert die Oxidationsbedingungen für Partikel und CO.

- Weiterhin kann durch Anhebung des Raildrucks bei niedrigen Zylinder-Luftverhältnissen ebenfalls die Partikelemission begrenzt werden.

Entsprechenden akustischen Nachteilen kann in beiden Fällen durch Anpassung der Voreinspritzungen begegnet werden. Das stark wechselwirkungsbehaftete Verbrennungsgeräusch erschwert dabei eine rein wissens- oder erfahrungsbasierte Applikation. Eine modellbasierte Arbeitsweise offenbart sich somit insbesondere für die Geräuschoptimierung als zielführend.

Auswirkungen auf den Hochdruck-Wirkungsgrad sind hauptsächlich durch Variation der Verbrennungslage zu erwarten. Insbesondere für den Fall von nennenswerten Spätverschiebungen muss das Potential zur Emissionsminderung gegen die Wirkungsgradnachteile abgewogen werden. Im Gegensatz zum konventionellen Einspritzmanagement muss hier jedoch kein Kompromiss zwischen transientem und stationärem Betrieb akzeptiert werden.

6 Konzeption und Umsetzung des füllungsbasierten Einspritzmanagements

6.1 Wahl der Führungsgrößen

In Kap. 3 wurden die Zylindermasse, die zylinderbezogene Inertgasrate resp. die Sauerstoffkonzentration im Zylinder, die Temperatur bei ES und die Drallklappenstellung als charakteristische Kenngrößen der Zylinderladung identifiziert; in Kap. 5 wurde die Korrelation zu den dieselmotorischen Zielgrößen bestätigt. Mit Last und Drehzahl ergeben sich damit sechs potentielle Führungsgrößen für ein füllungsbasiertes Einspritzmanagement.

Die Drallklappenstellung kann als Parameter der Motorsteuerung aufgrund der nahezu verzögerungsfreien Positionsregelung als Führungsgröße für die Einspritzung entfallen, da keine Abweichungen vom Sollzustand zu erwarten sind. Der relative Drall im Zylinder, der durch die Drallklappenstellung repräsentiert wird, ist somit für einen spezifischen Betriebspunkt unabhängig von der Luftsystemregelung immer konstant.

Die für die vorliegende Arbeit erstellten Modelle, auf deren Basis die Funktionsstruktur für das Einspritzmanagement entwickelt und appliziert werden soll, gelten nur für den betriebswarmen Motor und definierte Ansaugluftbedingungen, vgl. Kap. 5.2.1. Unter diesen Bedingungen kann die Temperatur bei ES in erster Näherung als systemimmanente Funktion von Betriebspunkt, Füllungsparametern und Schwerpunktlage der Verbrennung betrachtet werden. Die Temperatur bei ES wird daher für die Umsetzung im Demonstrator-Fahrzeug zunächst nicht als Führungsgröße für das füllungsbasierte Einspritzmanagement berücksichtigt. Für den Fahrzeugbetrieb im Bereich entsprechender Umgebungstemperaturen, wie sie u. a. in konditionierten Fahrzeug-Rollenprüfständen vorliegen, ist dies nicht notwendig. In Kap. 7.2 wird jedoch die Möglichkeit einer weitergehenden Berücksichtigung der Temperatur bei ES aufgezeigt.

Damit bleiben neben Last und Drehzahl die Zylindermasse und die Sauerstoffkonzentration resp. die Inertgasrate als Führungsgrößen. Im Folgenden wird als Kenngröße für die Gaszusammensetzung die Sauerstoffkonzentration verwendet. Der Wertebereich zwischen ca. 12% und 20.9% für reine Luft ist intuitiv interpretierbar und im Gegensatz zur Inertgasrate besteht nicht die Gefahr einer „Verwechslung“ mit der AGR-Rate.

6.2 Modellbasierte Potentialanalyse

Die Potentialanalyse erfolgt den experimentellen Untersuchungen entsprechend betriebspunktorientiert. Exemplarisch werden wie bereits in Kap. 5 die Betriebspunkte 1000/4, 1500/8 und 2000/12 vorgestellt.

Aus den umfangreichen Messungen lässt sich für jeden Betriebspunkt der darstellbare „Füllungsbereich" als konvexe Hülle in der Zylindermasse-/Sauerstoff-Ebene extrahieren. Innerhalb dieses Füllungsbereichs lassen sich mittels der generierten Modelle die dieselmotorischen Zielgrößen als Funktion der Einspritzparameter berechnen.

Mittlere Teillast

Bild 6.1 zeigt für den Betriebspunkt 1500/8 die modellierten Zielgrößen Ruß, NO_x, indizierter Hochdruckwirkungsgrad und Verbrennungsgeräusch im darstellbaren Füllungsbereich. Außerdem zur Orientierung dargestellt sind die Isolinien für das Zylinderluftverhältnis nach Gl. (3.11), berechnet mit der für die konstante Hochdruckarbeit benötigten Einspritzmenge.

CO- und HC-Emissionen liegen bei diesem Betriebspunkt, insbesondere bei betriebswarmem Motor, auf unkritischem Niveau, sodass auf eine Darstellung verzichtet wird. Die der Modellierung zugrunde liegenden Einspritzparameter entsprechen der optimalen Parameterkombination im stationären Auslegungspunkt, welcher im Füllungsbereich durch den Cursor markiert wird. Die Darstellung entspricht somit dem motorischen Verhalten mit konventionellem Einspritzmanagement: Abweichungen der Zylinderladung vom stationären Soll-Zustand finden keine Berücksichtigung in der Sollwert-Struktur des Einspritzmanagements. Entsprechend den in Kap. 5.3 vorgestellten Zusammenhängen ergeben sich daraus Rußnachteile bei Sauerstoffmangel, erhöhte Stickoxidemissionen bei Sauerstoffüberschuss sowie ein mit Zylindermasse und Sauerstoffkonzentration zunehmender Hochdruck-Wirkungsgrad. Das Geräuschverhalten ist für die gewählten Einspritzparameter innerhalb des Füllungsbereichs als weitgehend stabil zu bezeichnen.

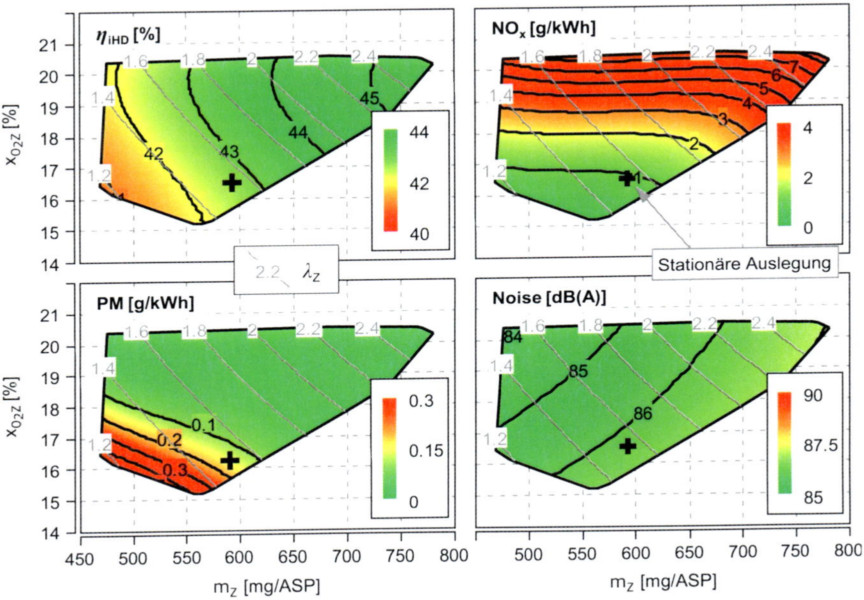

Bild 6.1: Betriebspunkt 1500/8:
Modelliertes motorisches Verhalten in Abhängigkeit von Zylindermasse und Sauerstoffkonzentration bei konstanten Einspritzparametern:
qPil1 = 1.5 mg/Asp; qPil2 = 2.3 mg/Asp; tiPil1 = 1250 µs; tiPil2 = 1077 µs;
pRail = 1100 bar; U50 = -13°KWvOT; VSwVlv_rAct = 50%

Werden nun innerhalb des Füllungsbereichs die Einspritzparameter optimiert, lassen sich die im transienten Betrieb auftretenden Schwankungen der Füllungsparameter bzw. die daraus entstehenden Emissionsnachteile zumindest teilweise kompensieren. Bild 6.2 zeigt eine beispielhafte Applikation der Einspritzparameter innerhalb des Füllungsbereichs. Modellbasiert werden die Einspritzmenge der Pil2 (qPil2), der Raildruck (pRail) und die Schwerpunktlage (U50) optimiert. Die restlichen Einspritzparameter werden in dieser exemplarischen Optimierung konstant gehalten.

Im Bereich niedriger Füllung und Sauerstoffkonzentration wird die Verbrennung nach früh verlagert sowie der Raildruck moderat erhöht, um die Rußnachoxidation zu verbessern. Die mit Erhöhung des Raildrucks einhergehenden Geräuschnachteile werden mittels Anhebung der Einspritzmenge der Pil2 kompensiert. Im Bereich hoher Sauerstoffkonzentration wird im Gegenzug die Verbrennung nach spät verlagert, um der erhöhten Stickoxidbildung entgegenzuwirken.

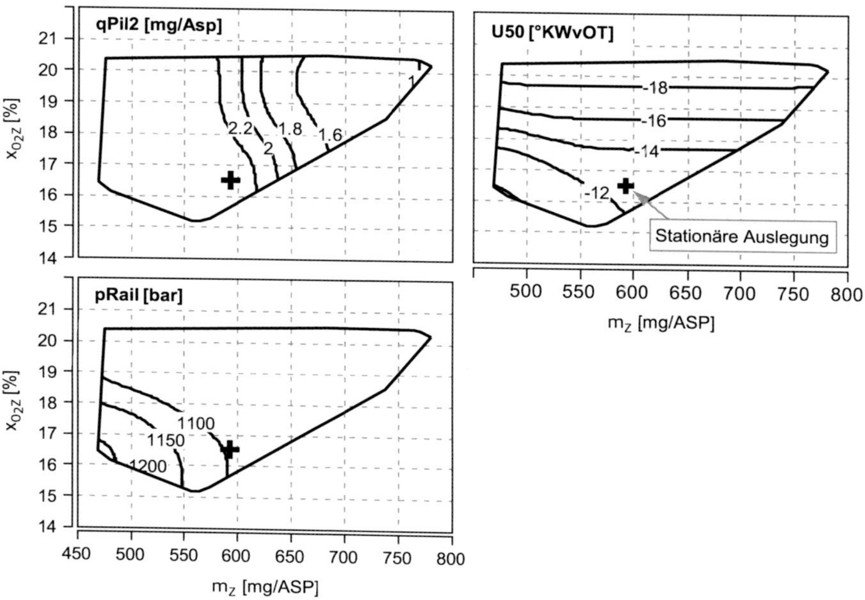

Bild 6.2: Betriebspunkt 1500/8: Anpassung der Einspritzparameter an den Füllungszustand

In Bild 6.3 ist analog zu Bild 6.1 das motorische Verhalten im Füllungsbereich dargestellt, hier jedoch mit variablen, gemäß Bild 6.2 angepassten Einspritzparametern.

Der Vergleich von Bild 6.3 und Bild 6.1 zeigt sehr anschaulich, wie mit einer füllungsbasierten Steuerung der Einspritzung die dieselmotorischen Zielkonflikte zwar nicht aufgebrochen, aber doch deutlich entschärft werden können. Im gezeigten Beispiel wird dies insbesondere am dieseltypischen Ruß-NO_x-Trade-Off deutlich. So lässt sich sowohl die Rußgrenze hin zu niedrigeren Zylinderluftverhältnissen verschieben als auch der exponentielle Anstieg der Stickoxidemissionen bei hohen Sauerstoffkonzentrationen begrenzen. Die Anpassung der Voreinspritzmenge hält hierbei den Geräuschpegel auf zulässigem Niveau. Die Spätverschiebung der Verbrennung bei hohem Sauerstoffanteil hat den thermodynamischen Gesetzmäßigkeiten entsprechend Nachteile im Hochdruckwirkungsgrad zur Folge, die im gezeigten Beispiel zugunsten der Reduzierung der Stickoxidbildung akzeptiert werden. Je nach Gewichtung der

Optimierungskriterien sind jedoch mittels der modellbasierten Applikation eine Vielzahl verschiedener Auslegungen darstellbar.

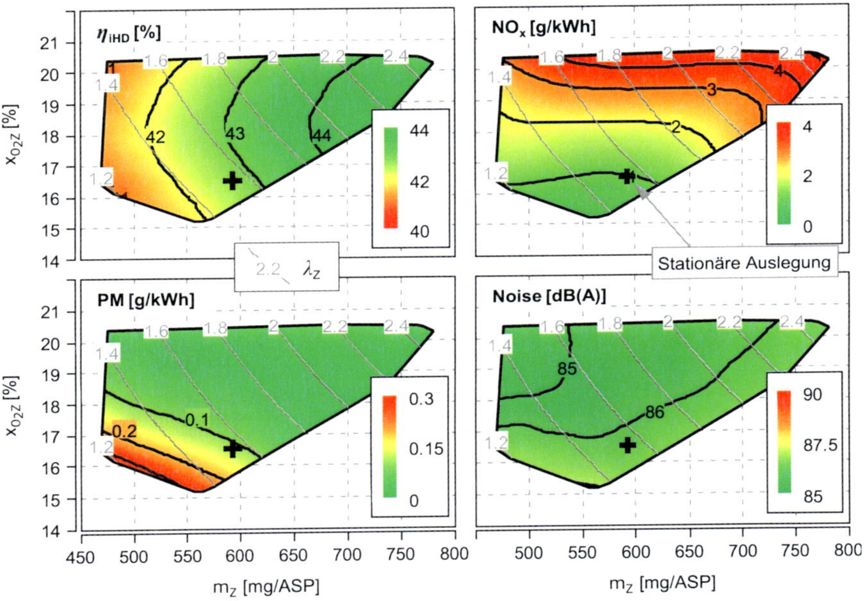

Bild 6.3: Betriebspunkt 1500/8: Modelliertes motorisches Verhalten im Füllungsbereich für füllungsbahängige Einspritzparameter

Untere Teillast

Der Betriebspunkt 1000/4, hier stellvertretend für den extremen Niedriglastbereich vorgestellt, unterscheidet sich vom oben diskutierten Betriebspunkt 1500/8 zunächst durch einen deutlich eingeschränkten Füllungsbereich. Die niedrige Last mit entsprechend niedriger Abgasenthalpie reduziert den darstellbaren Ladedruck-Variationsbereich und somit den darstellbaren Füllungsbereich. Mit Entnahme des HD-AGR-Massenstroms vor Turbine des ATL ergibt sich letztlich eine starke Kopplung zwischen Sauerstoffkonzentration im Zylinder und Zylindermasse, Bild 6.4. Weiterhin unterscheidet sich der Niedriglastbereich vom mittleren Lastbereich durch die Optimierungsschwerpunkte: Entgegen dem oben diskutierten Betriebspunkt 1500/8 sind für extrem niedrige Last kaum Partikelemissionen zu beobachten. Auch das Verbrennungsgeräusch liegt grundsätzlich auf einem deutlich niedrigeren Niveau, wohingegen die spezifischen CO-Emissionen deutlich höhere Werte aufweisen, vgl. auch Kap. 5.3. Daher sind in Bild 6.4 statt der Partikel-Emissionen die CO-Emissionen für konstante Einspritzparameter dargestellt.

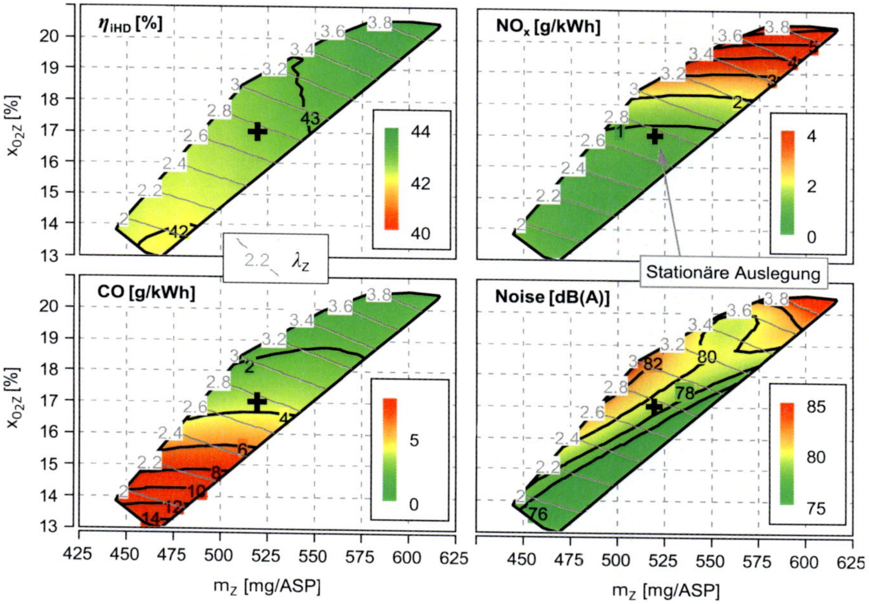

Bild 6.4: Betriebspunkt 1000/4:
Modelliertes motorisches Verhalten in Abhängigkeit von Zylindermasse und Sauerstoffkonzentration bei konstanten Einspritzparametern:
qPil1 = 1.2 mg/Asp; qPil2 = 1.0 mg/Asp; tiPil1 = 500 µs; tiPil2 = 742 µs; pRail = 520 bar; U50 = -11.5°KWvOT; VSwVlv_rAct = 75%

Im Vergleich zu Bild 6.1 deutlich erkennbar verschiebt sich der klassische Ruß-NO_x-Trade-Off im Niedriglastbereich hin zu einem CO-NO_x-Trade-Off. Entsprechend verschieben sich auch die applikativen Maßnahmen bzgl. der Einspritzparameter. Eine Raildruckerhöhung bei Sauerstoffmangel wie im höheren Lastbereich ist aufgrund des unkritischen Rußverhaltens nicht notwendig und wäre hinsichtlich der CO-Emissionen auch kontraproduktiv. Einer verbesserten CO-Oxidation förderlich ist die Verschiebung der Verbrennung hin zum OT, was mit abnehmender Sauerstoffkonzentration ohne Nachteile in der Stickoxidbildung erfolgen kann. Darüber hinaus können die

CO-Emissionen über die Anpassung der Voreinspritzungen weiter reduziert werden, Bild 6.5 und Bild 6.6.

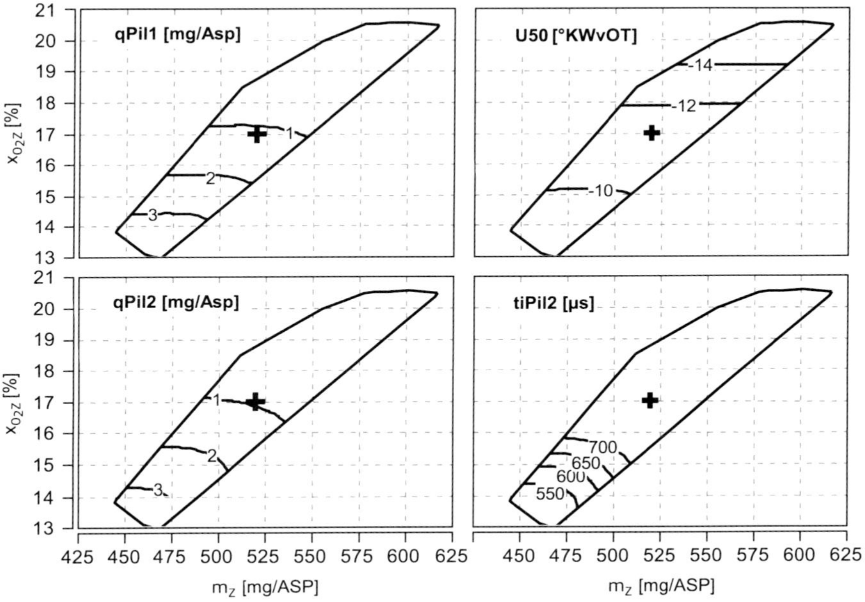

Bild 6.5: Betriebspunkt 1000/4: Anpassung der Einspritzparameter an den Füllungszustand

Im Bereich hoher Sauerstoffkonzentration kann der vermehrten Stickoxidbildung analog zu höherlastigen Bereichen mittels Spätverschiebung der Verbrennung entgegengewirkt werden. Allerdings schränkt der mit der Spätverschiebung einhergehende Anstieg der CO-Emissionen den Variationsbereich stark ein. Auch der in diesem Lastbereich ohnehin niedrige Hochdruckwirkungsgrad begrenzt die Verschiebung der Verbrennung in die Expansion.

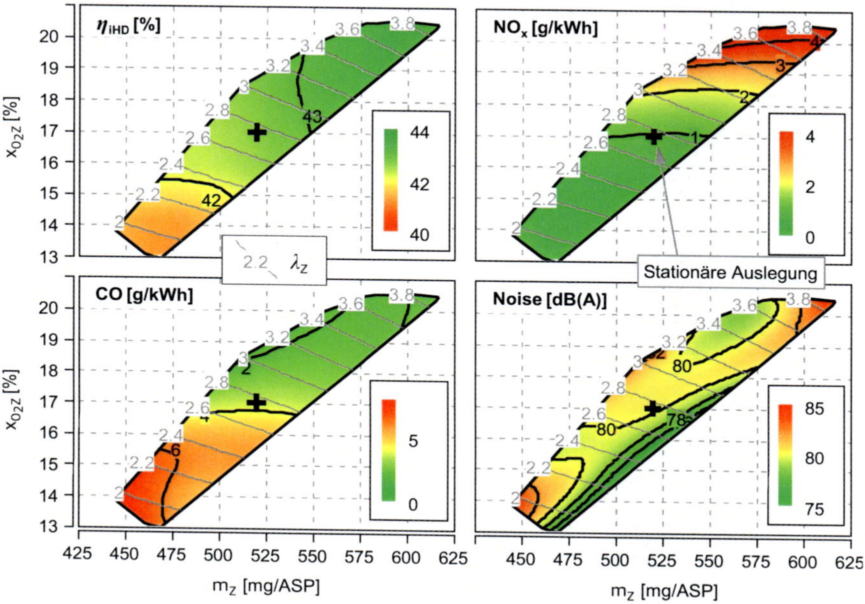

Bild 6.6: Betriebspunkt 1000/4: Modelliertes motorisches Verhalten im Füllungsbereich für füllungsabhängige Einspritzparameter

Im gezeigten Applikationsbeispiel wird der Reduzierung der CO-Emissionen Priorität gegenüber dem Verbrennungsgeräusch eingeräumt. Begrenzte Nachteile im Verbrennungsgeräusch werden daher vor dem Hintergrund des insgesamt niedrigen Geräuschpegels toleriert. Die modellbasierte Applikation ermöglicht hier eine emissionsoptimale Applikation an der Grenze des akustisch Zulässigen.

Obere Teillast

Für den Betriebspunkt 2000/12, hier stellvertretend für den höheren Teillastbereich diskutiert, werden wie für den mittleren Teillastbereich die Partikel- statt den hier unkritischen CO-Emissionen betrachtet. Der Füllungsbereich wird in der höheren Teillast primär durch das Rußverhalten sowie durch das Zusammenspiel von Motor und Abgasturbolader begrenzt. Je besser der Gesamtwirkungsgrad der Aufladegruppe, desto geringer ist das treibende Druckgefälle über der AGR-Strecke, was den rückführbaren Abgasmassenstrom und somit den Sauerstoffanteil im Zylinder nach unten begrenzt. Der Einsatz der Drosselklappe zur künstlichen Erhöhung des

Spülgefälles wiederum erhöht den Ladungswechselaufwand und somit den Kraftstoffverbrauch.

Bild 6.7 zeigt das modellierte motorische Verhalten für konstante Einspritzparameter für den Betriebspunkt 2000/12. Für die zugrunde liegenden Versuche wurde - sofern notwendig - die Drosselklappe zur Unterstützung der Frischluftmassenregelung eingesetzt, um den fahrbaren Füllungsbereich möglichst vollständig zu erfassen. Der entsprechende Nachteil in der Ladungswechselarbeit ist in Bild 6.7 nicht ersichtlich, da nur der Hochdruckwirkungsgrad dargestellt ist und die Versuche bei konstanter Hochdruckarbeit durchgeführt wurden.

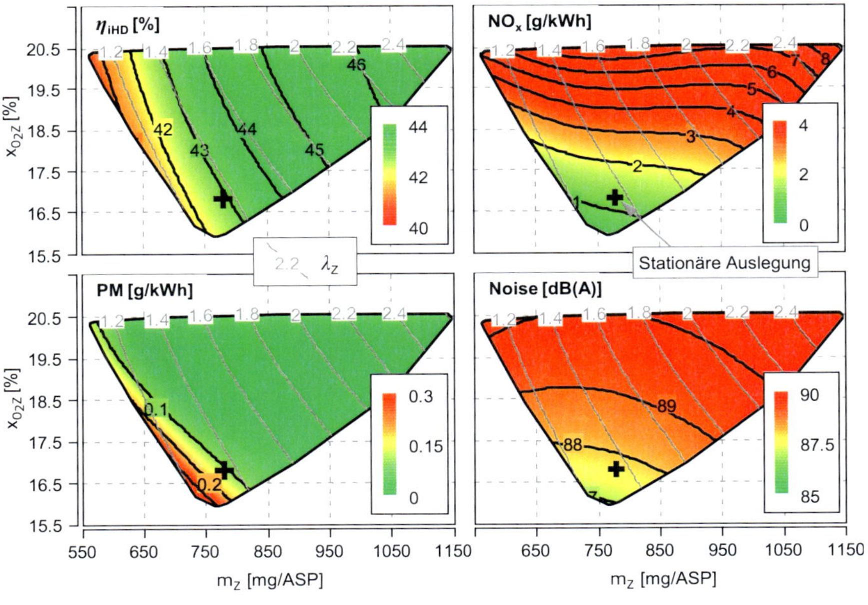

Bild 6.7: Betriebspunkt 2000/12:
Modelliertes motorisches Verhalten in Abhängigkeit von Zylindermasse und Sauerstoffkonzentration bei konstanten Einspritzparametern:
qPil1 = 1.0 mg/Asp; qPil2 = 1.4 mg/Asp; tiPil1 = 1400 µs; tiPil2 = 1500 µs;
pRail = 1350 bar; U50 = -15.5°KWvOT; VSwVlv_rAct = 50%

Neben dem bekannten starken Anstieg der Stickoxidemissionen mit der Sauerstoffkonzentration fällt für den Betriebspunkt 2000/12 insbesondere das hohe Geräuschniveau auf, welches für die gewählte Kombination der Einspritzparameter ebenfalls mit der Sauerstoffkonzentration steigt.

Spätverschiebung der Verbrennung, kombiniert mit Raildruckabsenkung und Anpassung der Pil2 wie in Bild 6.8 dargestellt, können sowohl den Geräuschanstieg vollständig kompensieren als auch die Stickoxidbildung begrenzen. Bild 6.9 zeigt im Gegensatz zu den vorigen Abschnitten nicht die modellierten Zielgrößen direkt, sondern die absoluten Differenzen zwischen Betrieb mit konstanten und mit füllungsabhängigen Einspritzparametern.

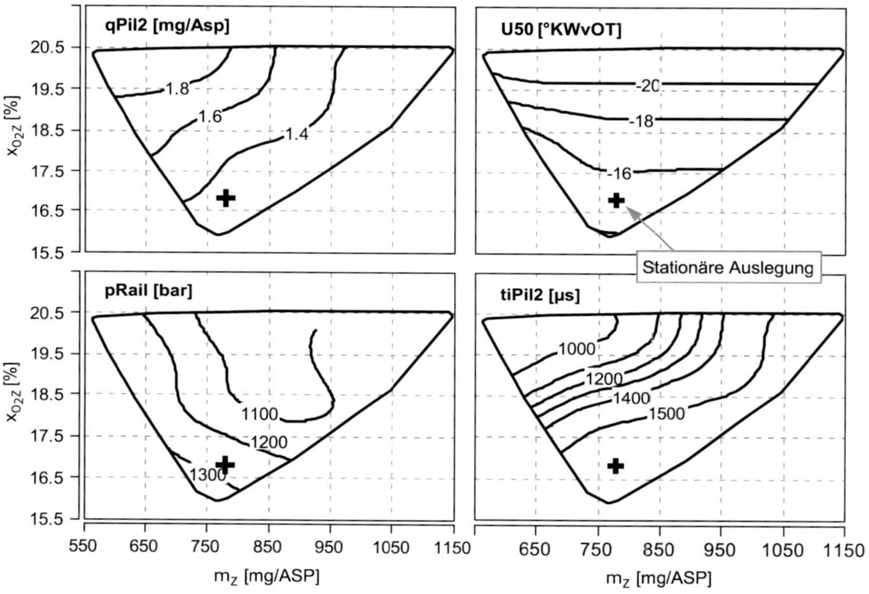

Bild 6.8: Betriebspunkt 2000/12: Anpassung der Einspritzparameter an den Füllungszustand

Analog zur mittleren Teillast wird der durch die Spätverschiebung bei hohem Sauerstoffanteil entstehende Wirkungsgradnachteil toleriert. Im Bereich niedriger Zylindermasse und hoher Sauerstoffkonzentration muss für die Reduzierung des Geräuschpegels darüber hinaus ein leichter Partikel-Anstieg in Kauf genommen werden. Im Bereich sehr niedriger Sauerstoffkonzentration kann hingegen der Gradient der Partikelemissionen durch Raildruckanhebung und Verschiebung der Verbrennung nach früh begrenzt werden, ohne Geräuschnachteile im Vergleich zum stationären Auslegungspunkt zu verursachen.

Die für beide Einspritzstrategien dargestellten Isolinien für das Zylinderluftverhältnis zeigen, dass sich die Einspritzparameter bei gegebener Gasmasse und -zusammensetzung im Zylinder auch auf das Zylinderluftverhältnis auswirken können. Durch Änderung des Hochdruckwirkungsgrades ändert sich für gleichbleibende Hochdruckarbeit die erforderliche Kraftstoffmenge und damit das Luftverhältnis im Zylinder. Damit resultiert beispielsweise der letztliche Wirkungsgradnachteil bei hohen Sauerstoffkonzentrationen nicht ausschließlich aus der Spätverschiebung der Verbrennung, sondern wird durch das niedrigere Zylinderluftverhältnis noch verstärkt.

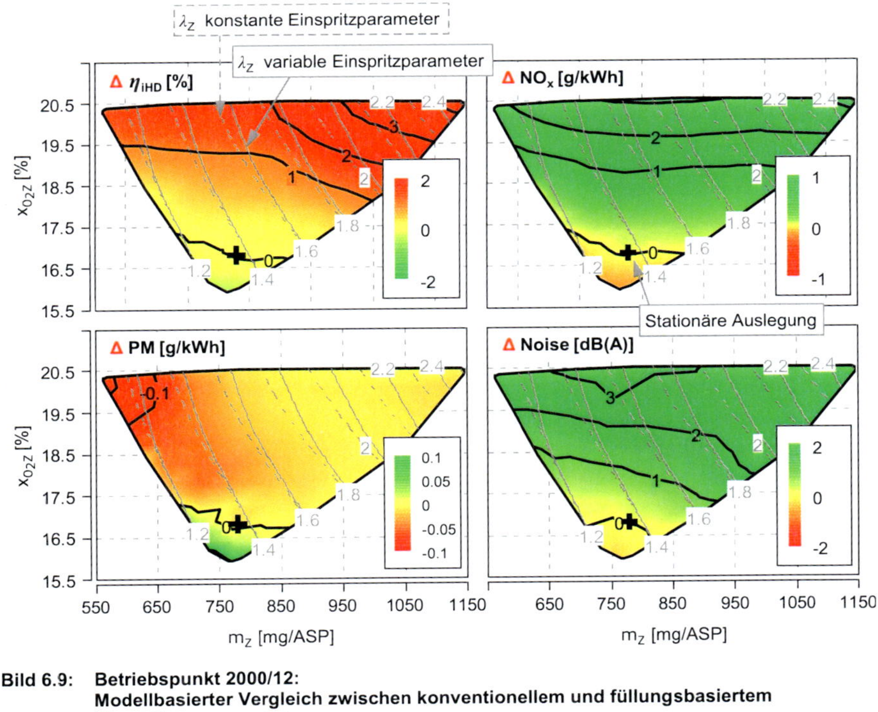

Bild 6.9: Betriebspunkt 2000/12:
Modellbasierter Vergleich zwischen konventionellem und füllungsbasiertem Einspritzmanagement
Darstellung in absoluten Differenzen (Δ=konventionell-füllungsbasiert)

Die Differenzenkennfelder zeigen sehr anschaulich das Potential einer füllungsabhängigen Einspritzsteuerung. Den negativen Folgen kurzzeitiger Abweichungen der Füllungsparameter vom stationären Auslegungspunkt kann sehr effektiv entgegengewirkt werden. Legt man exemplarisch den Betriebspunkt 2000/12 gemäß Bild 6.9

zugrunde, könnte beispielsweise ein NO_x-Peak von ca. 7 g/kWh, der bei einem kurzeitigen Betrieb ohne Inertgasanteil im Zylinder mit konstanten Einspritzparametern zu erwarten wäre, um etwa 3 g/kWh reduziert werden. Dies entspricht einer Reduzierung um über 40%. Für den Fahrer bleibt der Eingriff in die Einspritzung unbemerkt, da das Verbrennungsgeräusch durch die Voreinspritzungen in etwa konstant gehalten wird. Eine nur kurzzeitige Abweichung vorausgesetzt, wie sie etwa im dynamischen Motorbetrieb auftreten kann, ist der Verbrauchsnachteil begrenzt.

An dieser Stelle sei darauf hingewiesen, dass die in Bild 6.7 dargestellte Applikation mit konventionellem Einspritzmanagement unter Umständen auf Grund der hohen Geräuschgradienten nicht zielführend wäre. Eine entsprechend robustere Applikation könnte jedoch nur ein Kompromiss zwischen optimal im stationären und robust im dynamischen Fall sein, vgl. auch Kap. 5.3.3. Ein füllungsbasiertes Einspritzmanagement erfordert keine derartigen Kompromisse in der Applikation.

6.3 Funktionsstruktur und Applikationssystematik

Da die Funktionsstruktur im MSG das Vorgehen des Applikateurs bei der Sollwert-Bedatung bestimmt, können Funktionsstruktur und Applikationssystematik nicht unabhängig voneinander betrachtet werden. Im Folgenden wird eine Funktionsstruktur für ein füllungsbasiertes Einspritzmanagement vorgeschlagen, die einer modellbasierten Applikation zugänglich ist, dabei jedoch durch einen verständlichen, an bekannten Strukturen orientierten Aufbau dem Applikateur weiterhin eine intuitive Interpretation des sich aus der Applikation ergebenden Motorverhaltens ermöglicht. Aus der Funktionsstruktur ergibt sich ein systematischer Applikationsablauf, der zunächst rein modellbasiert am PC (offline) erfolgt und anschließend iterativ durch wechselseitige Validierung und Optimierung ergänzt wird.

Grundlage der Applikation ist eine stationäre Optimierung des gesamten Motorkennfeldes, vorzugsweise unter Anwendung von Methoden der statistischen Versuchsplanung (DoE). Optimiert werden dabei sowohl Einspritz- als auch Füllungsparameter. Die stationär optimierten Parameter werden konventionell in drehzahl- und lastabhängigen Kennfeldern abgelegt. Als lastdefinierende Größe wird der indizierte Mitteldruck der Hochdruckschleife verwendet, vgl. Kap. 5.2.1. Die stationären Kennfelder stellen einen stetigen Verlauf der Parameter unter Einhaltung sinnvoller Gradienten sicher und bilden somit die Basis einer robusten Bedatung.

Anschließend werden, analog zur Vorgehensweise in Kap. 6.2, einzelne Betriebspunkte modellbasiert detailliert untersucht. Innerhalb des jeweils darstellbaren

Füllungsbereichs werden die Einspritzparameter optimiert und in Kennfeldern, aufgespannt über Zylindermasse und Sauerstoffkonzentration, abgelegt. Diese Kennfelder werden durch Bezug auf den stationären Auslegungspunkt normiert und in additive oder multiplikative Korrekturkennfelder überführt. Ein stetiges Verhalten der motorischen Zielgrößen vorausgesetzt, können die relativen Korrekturkennfelder nun auf einen ausgeweiteten Bereich um den ursprünglichen lokalen Betriebspunkt angewandt werden. Bild 6.10 zeigt den schematischen Ablauf am Beispiel der Verbrennungslage (U50) als Parameter.

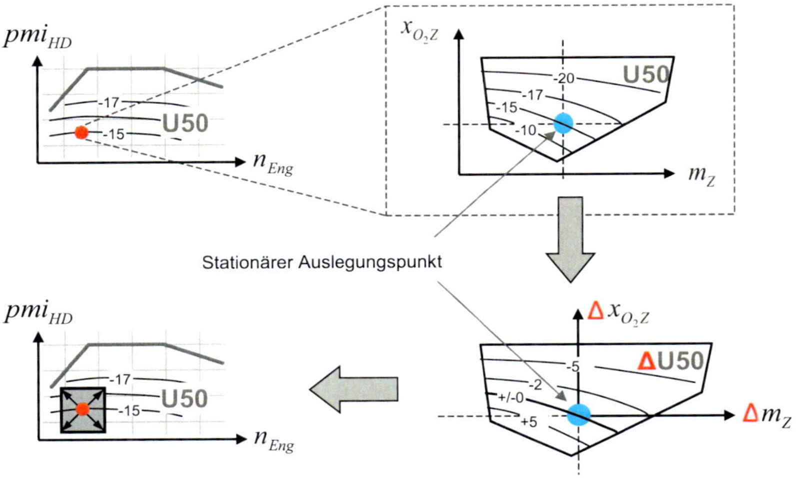

Bild 6.10: Schematische Darstellung der Applikationssystematik des füllungsbasierten Einspritzmanagements am Beispiel des Applikationsparameters U50

Die bewährte Struktur aus Basis- und Korrekturkennfeldern ermöglicht u. a. die Sicherstellung einer robusten Motorsteuerung durch Überwachung und Begrenzung der berechneten Korrekturwerte. Überschreiten die Korrekturen bestimmte, im Rahmen eines normalen Motorbetriebs zu erwartende Schwellenwerte, wird der korrektive Eingriff limitiert oder gar vollständig gesperrt.

Neben den in Kap. 5.2.1 genannten Einspritzparametern kann auch die Anzahl der (Vor-) Einspritzungen als Freiheitsgrad der Motorsteuerung betrachtet werden. Alternative Brennverfahren, wie beispielsweise die homogene Dieselverbrennung, sind oftmals nur in einem sehr begrenzten Last- und Füllungsbereich zu betreiben. Die hier vorgeschlagene Funktionsstruktur erlaubt einen einfach zu applizierenden Homogenbetrieb mit Blockeinspritzung, wobei die Voreinspritzung(en) via additiver Korrektur der Voreinspritzmenge(n) zugeschaltet werden, sollten Gaszusammensetzung und Füllung vom stationären Soll-Zustand abweichen, Bild 6.11.

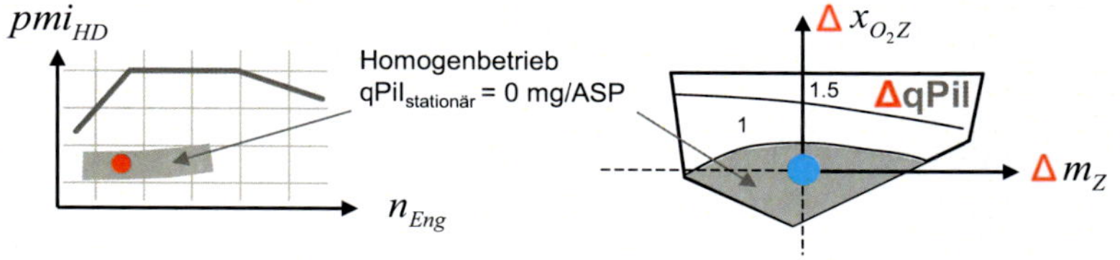

Bild 6.11: Füllungsabhängiger Homogenbetrieb mit Blockeinspritzung

Eine derart angelegte Struktur benötigt keine Betriebsartenumschaltung mit aufwändigen Übergangsfunktionen, wie sie in bisherigen Untersuchungen zu alternativen Brennverfahren genannt werden, z. B. [14][59]. Stattdessen wird die Einspritzung ausschließlich in Abhängigkeit des Zustandes im Zylinder gesteuert.

Als neuartiger Freiheitsgrad der Applikation muss das Drehzahl-/Last-Kennfeld in Betriebsbereiche eingeteilt werden, denen jeweils ein Satz Korrekturkennfelder für die sechs Einspritzparameter zugeordnet ist. Die Aufteilung orientiert sich am motorischen Verhalten und der betriebspunktabhängigen Gewichtung der Zielgrößen, wobei zwischen möglichst geringem Applikationsaufwand (wenige große Bereiche) und möglichst detaillierter Optimierung (mehrere kleinere Bereiche) abzuwägen ist.

In der vorliegenden Arbeit orientiert sich die Aufteilung mangels globaler Modelle an den vermessenen lokalen Betriebspunkten, Bild 6.12.

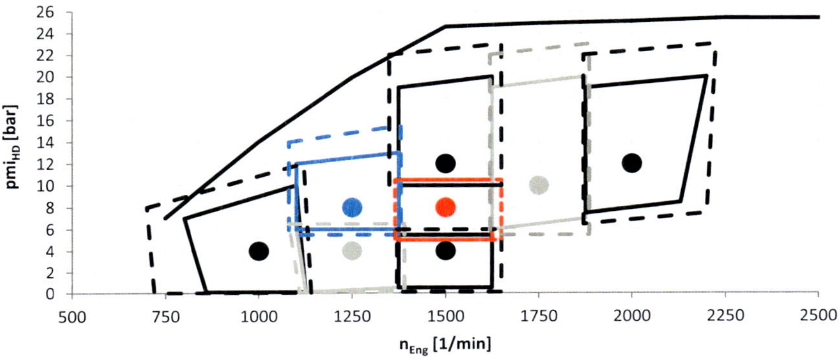

Bild 6.12: Aufteilung des Motorenkennfeldes in Betriebsbereiche

Der Teillastbereich des Motorenkennfelds wird demnach in acht Betriebsbereiche unterteilt, deren jeweils sechs Korrekturkennfelder modellbasiert nach oben beschriebener Vorgehensweise appliziert werden. Inklusive der sechs Stationärkennfelder ergeben sich für diese Konfiguration folglich 54 zu applizierende Kennfelder. Diese zunächst hoch erscheinende Anzahl relativiert sich, zieht man folgende Überlegungen in Betracht:

- Die Aufteilung in acht Betriebsbereiche ist der detaillierten lokalen Untersuchungsweise geschuldet, die im Hinblick auf die Anzahl der Betriebsbereiche als Worst-Case-Konfiguration gelten kann. Auf Basis globaler Modelle ist eine Abbildung des erweiterten Teillastbereiches auf geschätzte vier bis sechs Betriebsbereiche zu erwarten.
- Die Applikation erfolgt vollständig modellbasiert am PC. Zeit- und kostenintensive Prüfstandsmessungen sind - abgesehen von der Vermessung des DoE-Versuchsplans - nicht erforderlich.
- Die Applikation der Einspritzparameter erfolgt einmalig. Anpassungen, die bisher beispielsweise bei Änderung der Füllungsparameter notwendig waren, entfallen ebenso wie dynamische oder höhenabhängige Korrekturen. Weiterhin sei an dieser Stelle hervorgehoben, dass der dynamische Motorbetrieb auf Basis stationärer Messungen appliziert werden kann. Die bislang notwendigen häufigen Iterationen zwischen Fahrzeug und Prüfstand können so signifikant reduziert werden.

- Das Einspritzmuster (Anzahl der Einspritzungen) ist implizit in der Applikation der Voreinspritzmengen enthalten. Die bisherigen Kennfelder zur Definition des Einspritzstatus entfallen.
- Bei höheren Lasten und Drehzahlen nehmen Einfluss und Bedeutung der Voreinspritzungen ab, sodass hier oftmals keine Korrekturen notwendig sind. Die entsprechenden Kennfelder müssen nicht appliziert werden.

Der Übergang zwischen den Betriebsbereichen erfolgt ohne Übergangsfunktion (Rampe), wird jedoch mit einer Hysterese versehen, die in Bild 6.12 durch die gestrichelten Linien dargestellt wird. Die Hysterese vermeidet zu häufige Wechsel zwischen den einzelnen Bereichen bei Betrieb nahe einer Bereichsgrenze. Definiert werden die Betriebsbereiche über die Angabe der Eckpunkte in Form von Drehzahl-/Last-Koordinaten. Somit können die Bereiche jede durch vier Punkte definierbare Form annehmen.

Außerhalb der definierten Betriebsbereiche sind keine Korrekturen aktiv, die Steuerung der Einspritzparameter erfolgt hier konventionell rein betriebspunktabhängig. Für den Versuchsträger wird darüber hinaus aus Sicherheitsgründen oberhalb einer definierbaren Drehzahlschwelle auf die originale Softwarestruktur im MSG umgeschaltet.

Die zu Beginn des Kapitels angesprochene iterative Optimierung der Applikation betrifft insbesondere die Akustik, die neben dem am Prüfstand ermittelbaren Verbrennungsgeräusch auch wesentlich vom Übertragungsverhalten im Fahrzeug abhängt und somit nach einer subjektiven Bewertung im Fahrzeug verlangt. Auch die iterative Optimierung profitiert jedoch von den generierten Modellen, da der Applikateur zum einen sehr schnell wirksame Eingriffe definieren und zum anderen gleichzeitig den Einfluss besagter Eingriffe auf Emissionen und Wirkungsgrad bewerten kann.

6.4 Vorsteuerung der Verbrennungslageregelung

In den vorangegangenen Kapiteln wurde die Schwerpunktlage der Verbrennung, charakterisiert durch die 50%-Umsatzlage des Heizverlaufs, als Applikationsparameter mit entsprechender Sollwert-Struktur betrachtet. Tatsächlich ist die Schwerpunktlage jedoch kein Steuerungsparameter im eigentlichen Sinn. Vielmehr ergibt sie sich als Ergebnis des Verbrennungsablaufs in Abhängigkeit vom Betriebspunkt, dem Zustand im Zylinder (Druck, Temperatur, Gaszusammensetzung und Ladungsbewegung), den

Wandtemperaturen sowie den Einspritzparametern (Anzahl, Lage und Mengenverteilung) der einzelnen Einspritzungen.

Da der Versuchsträger über eine zylinderdruckgeführte Verbrennungslageregelung mit dem Ansteuerbeginn der Haupteinspritzung als Stellgröße verfügt und die Voreinspritzungen relativ zur Haupteinspritzung positioniert werden (vgl. Kap. 5.2.1), kann für die stationären DoE-Messungen die Schwerpunktlage als Variationsparameter verwendet werden. Im transienten Betrieb verlangt die Verbrennungslageregelung jedoch aufgrund des stark nichtlinearen, totzeitbehafteten Streckenverhaltens nach einer möglichst guten Vorsteuerung der Stellgröße. Daher werden aus den gesamten DoE-Messungen zwei Polynom-Modelle für den Ansteuerbeginn der Haupteinspritzung (phiMI) extrahiert, wobei neben der gewünschten Schwerpunktlage auch die restlichen Variationsparameter sowie Drehzahl und Last Eingang finden, Bild 6.13.

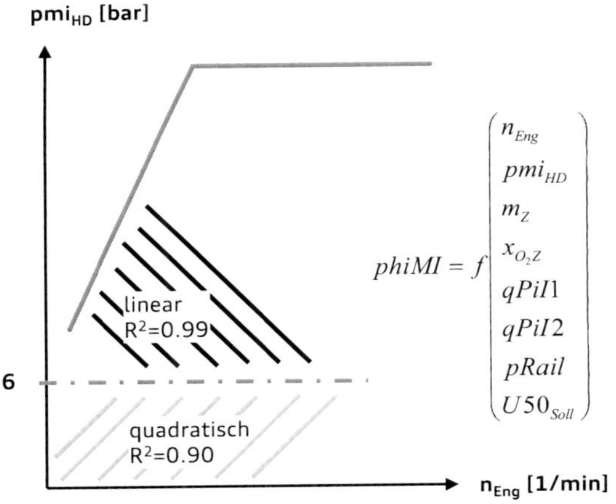

Bild 6.13: Vorsteuerung der Verbrennungslageregelung

Das Timing der Voreinspritzungen kann aufgrund seines geringen Einflusses vernachlässigt werden. Um aus den acht lokalen Messdatensätzen begrenzt extrapolationsfähige Modelle zu generieren, hat es sich als zielführend erwiesen, für sehr niedrige Lasten ein separates Modell anzutrainieren. Der in diesem Bereich hohen Sensitivität der Verbrennung wird durch einen quadratischen Modellansatz Rechnung getragen, während im höherlastigen Bereich eine lineare Modellierung bereits zu sehr guter Modellqualität führt.

Bild 6.14 zeigt einen Ausschnitt einer Messung im Versuchsfahrzeug mit füllungsbasiertem Einspritzmanagement und entsprechender Vorsteuerung der Verbrennungslage. Dargestellt sind für eine Beschleunigung aus dem Stand auf ca. 60 km/h neben Soll- und Ist-Wert der Schwerpunktlage auch Masse und Sauerstoffkonzentration im Zylinder, die Geschwindigkeit sowie Last und Drehzahl. Außerdem dargestellt sind der Vorsteuerwert und der letztlich durch die Lageregelung ausgegebene Wert für den Ansteuerbeginn der Haupteinspritzung.

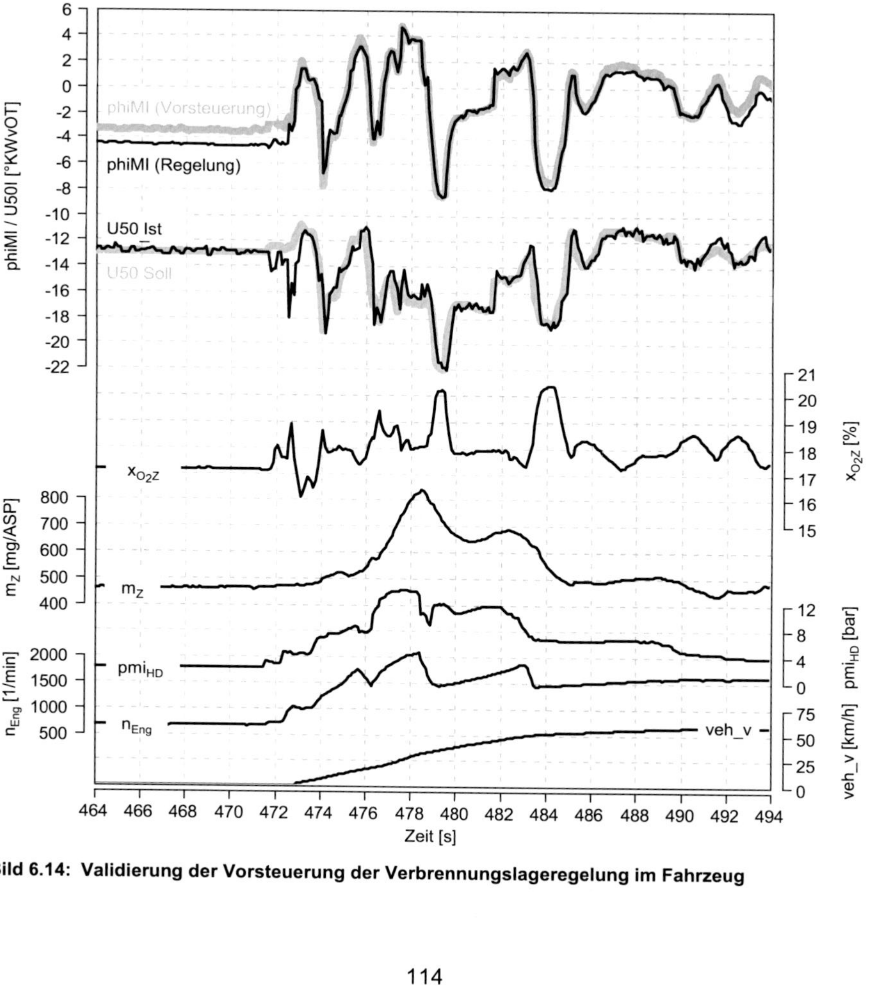

Bild 6.14: Validierung der Vorsteuerung der Verbrennungslageregelung im Fahrzeug

Der sehr begrenzte Eingriff der Lageregelung zeugt von einer hohen Qualität der Vorsteuerung. Lediglich im Leerlaufbereich muss die Regelung nennenswert eingreifen, was in Anbetracht der in diesem Bereich starken Modell-Extrapolation plausibel scheint. Mit der Lastaufschaltung muss dann zunächst der Regelanteil abgebaut werden, was eine kurzzeitige Regelabweichung zur Folge hat. Auf Basis einer globalen Optimierung, die auch den Leerlaufbereich abbildet, sind jedoch auch für diesen Bereich noch Verbesserungen in Modellqualität und Vorsteuerung zu erwarten.

Über die insgesamt als sehr gut zu bezeichnende Übereinstimmung zwischen Soll- und Ist-Schwerpunktlage hinaus zeigt Bild 6.14 auch anschaulich die Funktionsweise des füllungsbasierten Einspritzmanagements: Aus der Gassystemregelung resultierende Spitzen in der Sauerstoffkonzentration bewirken eine Spätverschiebung der Verbrennungslage zur Kompensation des zu erwartenden NO_x-Peaks. Sobald durch Nachführung der externen AGR die Sauerstoffkonzentration wieder sinkt, wird die Verbrennungslage wirkungsgradoptimal nach früh zurückverstellt.

6.5 Fahrzeugergebnisse

Für die Validierung des füllungsbasierten Einspritzmanagements wurden Messungen auf dem Fahrzeug-Rollenprüfstand durchgeführt. Der weniger dynamische, für Europa gesetzlich vorgeschriebene Testzyklus NEFZ dient dabei primär als Funktionsnachweis des füllungsbasierten Einspritzmanagements im Vergleich zur konventionellen Steuerung. Der dynamischere FTP72 demonstriert das Potential eines füllungsbasierten Einspritzmanagements im Hinblick auf die Kompensation der trägheitsbehafteten Gassystemregelung.

6.5.1 NEFZ

Der NEFZ wird den gesetzlichen Vorschriften entsprechend mit kaltem Motor gestartet. Die Applikation basiert jedoch auf Modellen, die am betriebswarmen Motor erstellt wurden. Untersuchungen zum Temperatureinfluss wurden zwar durchgeführt, vgl. Kap. 5.3.4, jedoch bietet die exemplarische Analyse lediglich zweier Betriebspunkte keine ausreichende Basis für eine umfassende Berücksichtigung der Motortemperatur in der Funktionsstruktur und im modellbasierten Applikationsablauf. Damit ist die Aussagekraft des in Bild 6.15 gezeigten Vergleichs zwischen konventionellem und füllungsbasiertem Einspritzmanagement hinsichtlich des möglichen Potentials eingeschränkt.

Die Messungen wurden dennoch den Vorschriften entsprechend durchgeführt, um Emissionen und Verbrauch im gesetzlich relevanten Testzyklus im Vergleich zur konventionellen Steuerung zumindest näherungsweise bewerten zu können. Motorstart und die ersten 100 s Warmlauf wurden dabei mit konventioneller Steuerung gefahren, dann erst wurde durch Aktivierung der Bypass-Funktionalität auf füllungsbasiertes Einspritzmanagement umgeschaltet. Auf diese Weise muss der komplexe Startvorgang nicht im RP-System nachgebildet werden.

Für beide Tests waren die Sollwerte der konventionellen Luftsystemregelung (Luftmasse, Ladedruck und Drallklappenstellung) identisch. Die Unterschiede in Emissionen und Verbrauch sind daher ausschließlich auf die Unterschiede im Einspritzmanagement zurückzuführen.

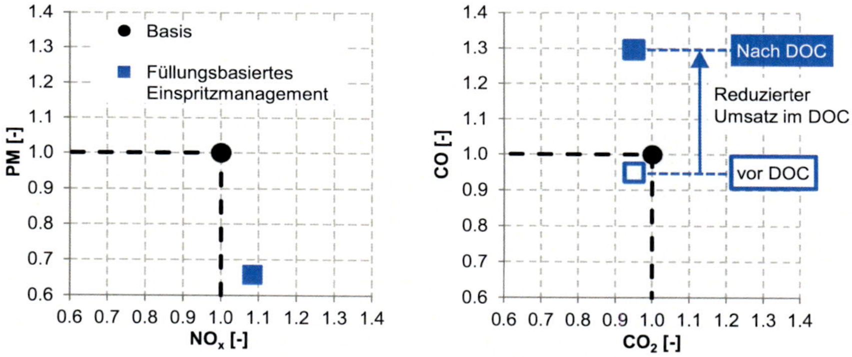

Bild 6.15: Normierte kumulierte Messergebnisse im NEFZ: Vergleich konventionelles und füllungsbasiertes Einspritzmanagement

Die deutliche Reduktion der Partikelmasse sowie die Verbesserung im Kraftstoffverbrauch sind auf allgemein frühere Verbrennungslagen und höhere Einspritzdrücke zurückzuführen und entsprechen somit den Erwartungen. Ebenfalls plausibel sind die leicht gestiegenen Stickoxidemissionen, da bei gleichen Füllungs-Sollwerten mit den früheren Verbrennungslagen ein erhöhtes Temperaturniveau der Verbrennung einhergeht.

Nicht den Erwartungen entspricht dagegen die Erhöhung der CO-Emissionen. Zwar ist mit erhöhtem Einspritzdruck bei kalt gestartetem Motor nach den Erkenntnissen aus Kap. 5.3.4 durchaus ein Anstieg der CO-Rohemissionen zu erwarten, allerdings werden die besonders kritischen ersten 100 s wie bereits erwähnt mit konventionellem Einspritzmanagement gefahren und unterscheiden sich somit nicht von der Basismessung.

Eine nähere Analyse mit Betrachtung der Roh-Emissionen offenbart als Ursache einen reduzierten Umsatz im DOC mit CO-Durchbrüchen noch im zweiten ECE-Zyklus, Bild 6.16. Die Rohemissionen weisen hingegen keinen Anstieg auf, sie liegen sogar leicht unterhalb der Basismessung.

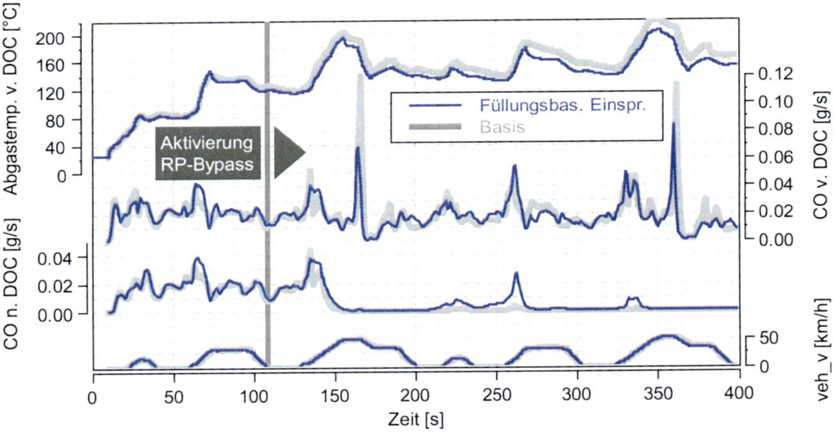

Bild 6.16: Analyse der CO-Nachteile mit füllungsbasiertem Einspritzmanagement im NEFZ

Das verzögerte Umsatzverhalten des DOC kann ebenfalls auf die allgemein früheren Verbrennungslagen mit der einhergehenden Verbesserung im Wirkungsgrad und entsprechend niedrigerer Abgasenthalpie zurückgeführt werden. Wie in Bild 6.16 zu erkennen, hängt das Umsatzverhalten des DOC insbesondere im Bereich des Light-Off (ca. 150°C) stark von der Temperatur ab. Vergleichbare Erkenntnisse werden auch in [55] angegeben.

Die erhöhten CO-Emissionen sind somit nicht direkt auf das füllungsbasierte Einspritzmanagement zurückzuführen. Vielmehr zeigt sich hier ein allgemein zu beobachtender Zielkonflikt zwischen Thermomanagement der Abgasnachbehandlung und Effizienzsteigerung des Verbrennungsmotors.

6.5.2 FTP72

Der FTP72 ist als dynamischer Zyklus gut geeignet, um die wesentlichen Vorteile eines füllungsbasierten Einspritzmanagements zu demonstrieren. Um nicht bewertbare Temperatureinflüsse zu vermeiden, wurde der FTP72 im Gegensatz zum oben diskutierten NEFZ mit betriebswarmem Motor vermessen. Wiederum wurde eine Basisvermessung mit konventionellem und eine Vergleichsmessung mit füllungsbasiertem Einspritzmanagement bei identischen Füllungssollwerten durchgeführt. In einem weiteren Test mit füllungsbasiertem Einspritzmanagement wurde die Sauerstoffkonzentration im Zylinder durch Absenkung der Soll-Luftmassen im Vergleich zur Basisapplikation deutlich reduziert. Die Applikation der Einspritz-Parameter wurde dabei nicht verändert.

Bild 6.17 zeigt die auf die Basismessung normierten kumulierten Emissionsverläufe für alle drei Tests sowie die ebenfalls normierten Ergebnisse der Beutelanalyse und der Partikelwägung. Im Wesentlichen bestätigen sich zunächst die Ergebnisse des NEFZ: Bei identischen Füllungs-Sollwerten können Verbrauch bzw. CO_2-Emissionen um etwa 4% reduziert werden, die Partikelmasse laut Wägung der Filterplättchen gar um 50%. Im dynamischeren warm gefahrenen FTP72 fällt der NO_x-Nachteil gegenüber dem konventionellen Einspritzmanagement deutlich geringer aus als im NEFZ.

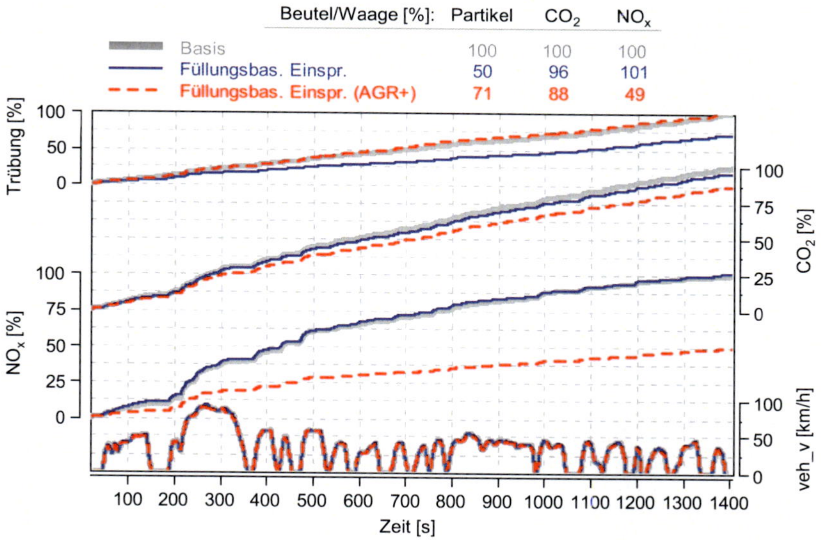

Bild 6.17: Verbrauch und Emissionen im FTP72

Mit Absenkung der Sauerstoffkonzentrationen im Zylinder können die Stickoxidemissionen erwartungsgemäß deutlich reduziert werden. Im Gegenzug steigen die Partikelemissionen an. Sie erreichen laut Trübungsmessung wieder das Niveau der Basismessung, während die Partikelwägung weiterhin eine Reduzierung um nahezu 30% ausweist. Zunächst überraschend und erklärungsbedürftig erscheint die signifikante weitere Reduzierung der CO_2-Emissionen. Nach den in Kap. 5.3.2 vorgestellten Ergebnissen der Verlustanalyse hätten Verbrauch resp. CO_2-Emissionen mit erhöhtem Inertgasanteil eher zunehmen müssen. Zwar ergeben sich aus dem füllungsbasierten Einspritzmanagement in Richtung früh verschobene Verbrennungslagen mit entsprechendem Wirkungsgradvorteil, jedoch scheint eine Überkompensation der füllungsbedingten Nachteile in der gemessenen Größenordnung sehr hoch.

Tatsächlich offenbart eine nähere Analyse der Messungen, dass zumindest ein Teil der Verbrauchsvorteile auf deutlich reduzierte Ladungswechselverluste zurückzuführen ist. Die verringerte Ladungswechselarbeit erklärt sich aus der konventionellen Gassystemregelung mit rein gesteuerten VTG-Leitschaufeln im Niedriglastbereich, die unabhängig von der Stellung des AGR-Ventils arbeitet. Bild 6.18 zeigt als Maß für den Ladungswechselaufwand die auf die Hochdruckarbeit bezogene Druckdifferenz zwischen Motorauslass und -einlass. Der Vergleich der kumulierten Verläufe zeigt, dass der Einfluss des Einspritzmanagements auf den Ladungswechsel vernachlässigbar, der Einfluss der Soll-Luftmasse bei konstanter VTG-Stellung dagegen signifikant ist.

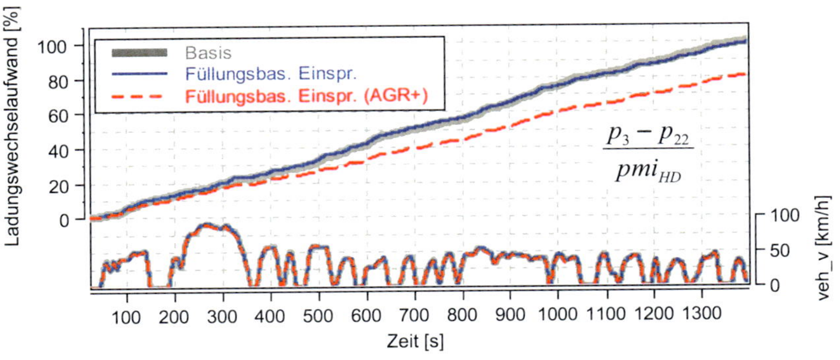

Bild 6.18: Ladungswechselaufwand im FTP72

Unabhängig von den positiven Ergebnissen hinsichtlich Verbrauch und Emissionen sei an dieser Stelle noch einmal ausdrücklich darauf hingewiesen, dass beide Tests mit füllungsbasiertem Einspritzmanagement mit identischem Parametersatz vermessen wurden. Die notwendige Anpassung der Einspritzparameter an die signifikant geänderten Füllungsbedingungen erfolgt automatisch. Dies stellt einen im Vergleich zur konventionellen Steuerung der Einspritzung wesentlichen Vorteil dar.

Zu bewerten bleibt letztendlich noch das Geräuschverhalten im Fahrzeug. Eine messdatengestützte Aussage ist hier nur eingeschränkt möglich, da im Fahrzeug lediglich der Zylinderdruckgradient der Glühstift-Druckaufnehmer als Maß für das Verbrennungsgeräusch zur Verfügung steht. Das Übertragungsverhalten von Motor und Fahrzeug ist darin ebenso wie die frequenzabhängige menschliche Wahrnehmung nicht abgebildet.

In Bild 6.19 ist ein exemplarischer Ausschnitt aus dem FTP72 mit den relevanten Füllungs- und Einspritzgrößen sowie dem Stickoxid-Massenstrom, dem Trübungssignal und dem Zylinderdruckgradient dargestellt. Im Verlauf des Zylinderdruckgradienten zeigen sich zunächst keine signifikanten Unterschiede zwischen konventionellem und füllungsbasierten Einspritzmanagement.

Mit Erhöhung der AGR-Raten, resp. sinkendem Sauerstoffanteil im Zylinder, führen Raildruckanhebung und Frühverschiebung der Verbrennung bei Beschleunigungen einerseits zu einer Begrenzung der Rußemissionen auf signifikant niedrigerem NO_x-Niveau, andererseits jedoch zu Spitzen im Druckgradient. Diese sind zumindest im direkten Vergleich auch akustisch wahrnehmbar, wobei das Geräuschniveau insgesamt auf einem niedrigen Niveau bleibt.

Mit stärkerer Gewichtung der Akustik in der Applikation der Einspritzparameter ließe sich dieser Trade-Off zwischen Partikelemissionen und Verbrennungsgeräusch hin zu einem gleichmäßigeren Geräuschverhalten verschieben. Erneute Prüfstandsuntersuchungen wären hierzu dank der modellbasierten Applikationssystematik nicht notwendig.

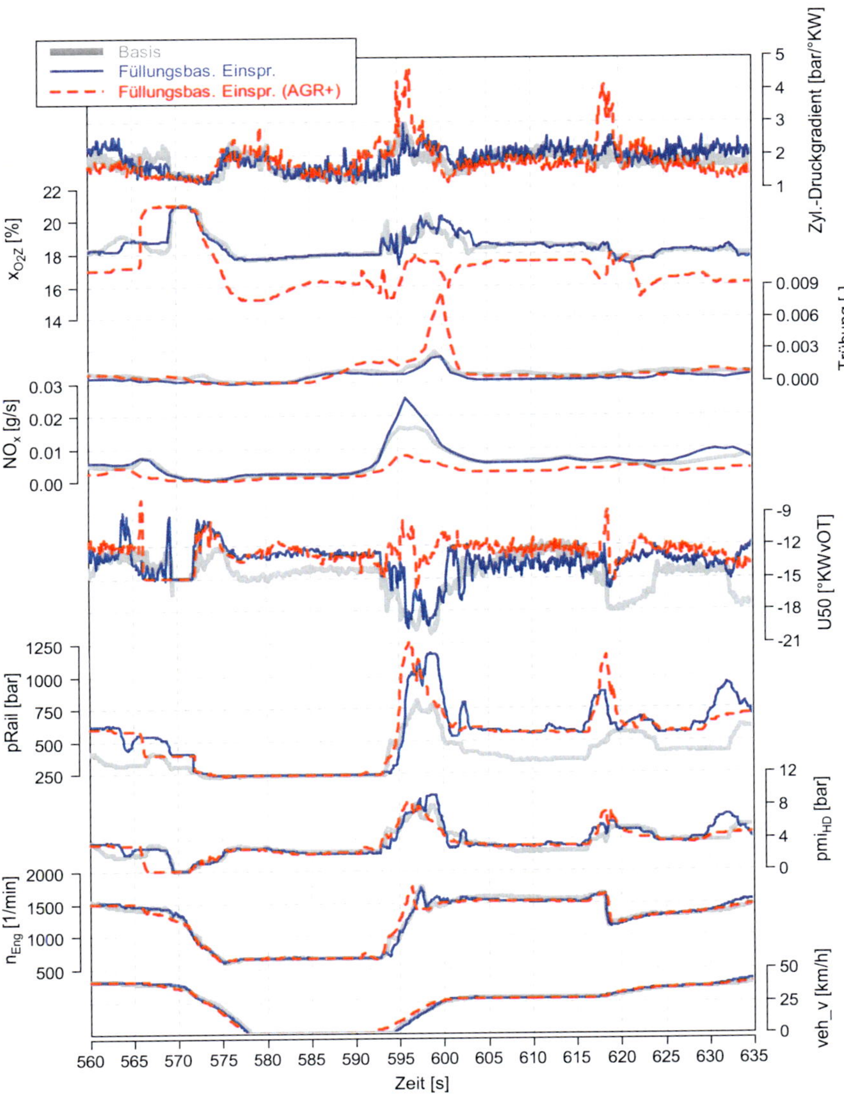

Bild 6.19: Geräusch- und Emissionsverhalten im FTP72 (Ausschnitt)

7 Fazit und Ausblick

7.1 Bewertung der Ergebnisse

Die erfolgreiche Umsetzung des füllungsbasierten Einspritzmanagements im realen Fahrzeug bestätigt zunächst einmal den zugrunde liegenden Ansatz, den „schnellen" Einspritzpfad am „langsamen" Luftpfad zu orientieren.

Auch die charakteristischen Kenngrößen der Zylinderladung konnten als geeignete Führungsgrößen für das Einspritzmanagement bestätigt werden. Die echtzeitfähige Bestimmung der zylinderbezogenen Führungsgrößen im RP-System hat sich als robust und funktional erwiesen, gleichwohl die Anzahl der benötigten Sensoren noch Optimierungspotential bietet. Synergien ergeben sich hier möglicherweise mit den derzeitigen Entwicklungen im Bereich der Gassystemregelung.

Ein sicherer Motorbetrieb wird durch die transparente und robuste Funktionsstruktur des neu entwickelten Einspritzmanagements gewährleistet. Der zugehörige modellbasierte Applikationsprozess bietet dabei trotz der erweiterten Freiheitsgrade Potential zur Reduzierung des Applikationsaufwandes.

Die Messungen auf dem Fahrzeug-Rollenprüfstand zeigen, dass mit füllungsbasiertem Einspritzmanagement vergleichbare und bessere Ergebnisse erzielt werden können als mit konventioneller, rein betriebspunktabhängiger Steuerung der Einspritzung. Insbesondere am Beispiel des dynamischen FTP-Zyklus konnte gezeigt werden, dass die füllungsbasierte Einspritzung eine teilweise Kompensation der Trägheiten im Gassystem ermöglicht und somit dazu beiträgt, die dieselmotorischen Zielkonflikte zu entschärfen. Vorteile im Applikationsprozess konnten u. a. anhand der deutlichen Reduzierung der Sauerstoffkonzentration demonstriert werden: Ohne Änderung der Applikationsparameter des Einspritzmanagements werden die Einspritzparameter automatisch an die geänderten Bedingungen im Brennraum angepasst.

Die füllungsbasierte Einspritzung trägt somit dazu bei, die Anzahl der Iterationsschleifen während des Applikationsprozesses zu reduzieren und ermöglicht zudem durch die modellbasierte Applikation eine schnelle und zielgerichtete Verschiebung der Gewichtung der einzelnen Zielgrößen.

Im Hinblick auf eine Übertragung der Erkenntnisse in die Serienanwendung bleiben jedoch auch noch offene Punkte. Vor allem der Einfluss der Gastemperatur bei ES und der Motorwarmlauf erfordern weitere Untersuchungen und müssen in der Funktionsstruktur des Einspritzmanagements berücksichtigt werden. Vor dem Hintergrund zukünftiger Emissions- und Kraftstoffverbrauchs-Anforderungen ergibt sich nicht nur die Notwendigkeit, die modellbasierte Betrachtung des Motorverhaltens auf Temperaturbereiche außerhalb bestehender Testbedingungen auszuweiten, sondern auch das temperaturabhängige Leistungsvermögen der Abgasnachbehandlung zu berücksichtigen.

Ein Ansatz zur Erweiterung der vorgestellten Funktionsstruktur um den Einfluss der Gastemperatur bei ES wird im folgenden Kapitel vorgestellt. In Kap. 7.3 wird abschließend auf den potentiellen Entfall der λ-Sonde im Saugrohr eingegangen.

7.2 Ausblick: Berücksichtigung der Gastemperatur bei ES

Global angelegte Versuchspläne mit entsprechender Berücksichtigung von Drehzahl und Last als Variationsgrößen vorausgesetzt, lässt sich die vorgeschlagene füllungsbasierte Funktionsstruktur für die Einspritzung um den Einfluss der Gastemperatur bei ES erweitern.

Implizit werden Gastemperatureffekte bereits in den in dieser Arbeit generierten Modellen berücksichtigt, sofern sie durch die Variationsparameter verursacht werden, vgl. Kap. 5.2.1. Eine weitergehende Berücksichtigung der Gastemperatur bei ES ist nur bei Abweichungen von dieser „impliziten" Temperatur erforderlich, wie sie insbesondere durch nennenswerte Änderungen der Frischlufttemperatur nach Ladeluftkühler zu erwarten sind. Die Frischlufttemperatur nach Ladeluftkühler wiederum hängt maßgeblich von der Umgebungstemperatur ab. Eine globale Vermessung und Modellierung des Motors vorausgesetzt, lässt sich die „implizite" Temperatur bei ES am Motorprüfstand als von den relevanten Variationsparametern (Last, Drehzahl, Füllungsparameter, Verbrennungslage) abhängiges Modell im Steuergerät hinterlegen. Im realen Fahrbetrieb kann diese Temperatur dann mit dem aktuell vorliegenden Wert verglichen und die Differenz als Führungsgröße für eine Korrektur der Einspritzparameter verwendet werden.

Abschätzende nulldimensionale Rechnungen zeigen, dass die Gastemperatur im Zylinder nach ES sehr stark von der Gastemperatur im Saugrohr abhängt. In Bild 7.1 sind die Auswirkungen von Änderungen der Saugrohrtemperatur und der Zylinder-Wandtemperatur auf die Temperatur im Zylinder bei ES dargestellt.

Demnach hat die Temperatur der Zylinderwand einen im Vergleich untergeordneten Einfluss auf die Temperatur bei ES. Bei diesen abschätzenden Betrachtungen wird allerdings nur der Wärmeübergang im Zylinder berechnet, Wärmeübergänge im

Einlasskanal werden nicht berücksichtigt. Dennoch lassen die Ergebnisse die Schlussfolgerung zu, dass sich Änderungen der Mischtemperatur im Saugrohr ungleich stärker auf die Temperatur im Brennraum auswirken, als Änderungen einer wie auch immer definierten „Motortemperatur".

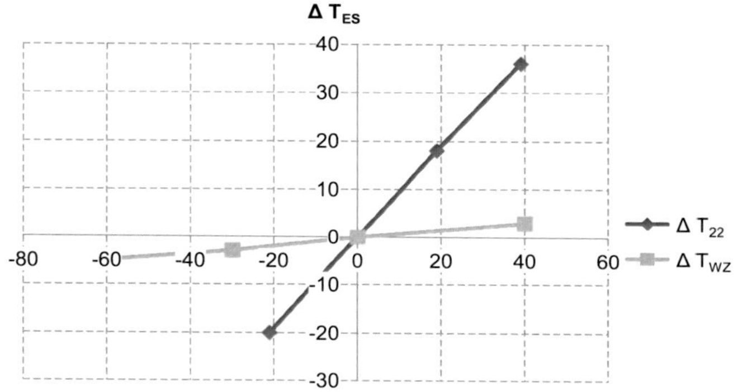

Bild 7.1: Einfluss von Änderungen der Saugrohrtemperatur und der Zylinderwandtemperatur auf die Gastemperatur im Zylinder bei ES
Ladungswechselrechnung bei n=1500 min^{-1}
Wärmeübergang im Zylinder nach Woschni

Als Bezugstemperatur für eine Korrektur der Einspritzparameter kann daher sowohl die Temperatur bei ES im Zylinder als auch die Mischtemperatur im Saugrohr verwendet werden. Letztere lässt sich einfach messen; die Temperatur im Zylinder muss dagegen modelliert werden, was eine entsprechend qualifizierte Druckindizierung im Zylinder voraussetzt, vgl. Kap 4.5.3.

Allerdings sei an dieser Stelle darauf hingewiesen, dass sich der im dynamischen Betrieb teils deutlich erhöhte heiße Restgasanteil, resp. dessen Einfluss auf die Gastemperatur nach ES, nur über die zylinderdruckbasierte Temperaturmodellierung erfassen ließe. Auch hier kann jedoch auf Basis von Ladungswechselrechnungen abgeschätzt werden, dass bei gleichbleibendem Saugrohrzustand der Einfluss des Restgases auf die Temperatur bei ES vernachlässigbar gering ist. Bild 7.2 zeigt eine Variation der Temperatur im Zylinder bei AÖ. Die im Zylinder enthaltene Masse bei AÖ wird durch gleichzeitige Anpassung des Zylinderdrucks konstant gehalten.

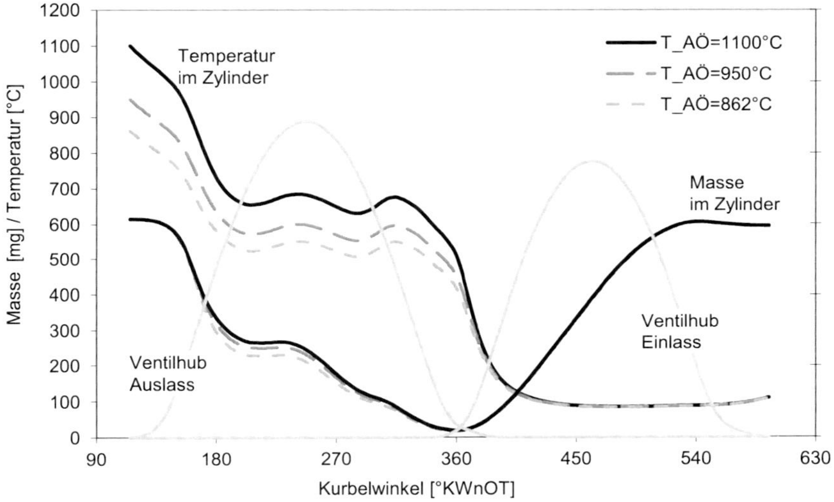

Bild 7.2: Einfluss der Abgastemperatur auf die Temperatur bei ES

Die Folge der erhöhten Enthalpie bei AÖ ist eine Erhöhung der Restgastemperatur im Zylinder bei EÖ; allerdings ist die Temperatur des über die Einlassventile einströmenden Gasgemischs so dominant, dass bereits zum Schließzeitpunkt der Auslassventile (AS) nach der sehr kurzen Ventilüberschneidungsphase die Temperaturerhöhung deutlich reduziert und bei ES schließlich kaum noch nachweisbar ist.

7.3 Ausblick: Entfall der λ-Sonde im Saugrohr

Die Umgebungsbedingungen im Saugrohr eines Dieselmotors mit externer HD-AGR sind nicht für den Dauereinsatz einer kommerziellen λ-Sonde geeignet. Zum einen besteht durch den Rußanteil im ungefiltert zurückgeführten Abgas erhebliche Verschmutzungsgefahr, was letztlich die Messgenauigkeit beeinträchtigen kann. Zum anderen kann selbst unter betriebswarmen Bedingungen Kondensatbildung aus dem gekühlten Abgas nicht gänzlich ausgeschlossen werden, was die Thermoschockgefahr für die Sondenkeramik erhöht.

Durch die in Kap. 4 vorgestellte adaptive Funktionsstruktur besteht prinzipiell die Möglichkeit, nach vollständiger Adaption des Luftaufwand-Restfehlerkennfeldes auf die Sonde zu verzichten und die Sauerstoffkonzentration im Saugrohr auf Basis von Luftaufwand, Frischluftmassenstrom und Abgas-Sauerstoffkonzentration zu modellieren. Das Saugrohr entspricht dann einem Speicherelement mit zwei Eintritts- und einem Austrittsmassenstrom, deren Zusammensetzungen jeweils bekannt sind.

Bild 7.3 zeigt einen Ausschnitt einer Messung im Fahrzeug mit provozierter hoher Sauerstoffdynamik im Saugrohr. Neben der gemessenen ist auch die modellierte Sauerstoffkonzentration dargestellt.

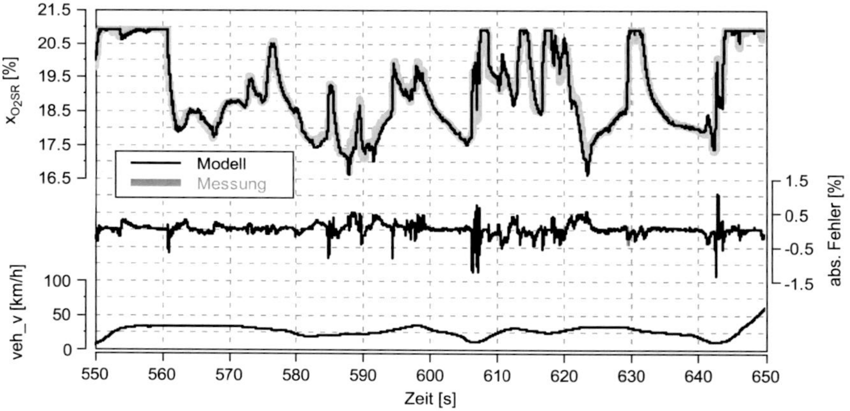

Bild 7.3: Modellierung der Sauerstoffkonzentration im Saugrohr mit adaptiertem Luftaufwandmodell

Trotz der im Versuchsfahrzeug aus Bauraumgründen nicht optimal positionierten λ-Sonde im Abgas lässt sich die Sauerstoffkonzentration im Saugrohr mit adaptiertem Luftaufwandmodell sehr gut modellieren.

Somit kann – sorgfältige Parametrierung des Luftaufwandmodells auf Basis nulldimensionaler Simulationen gemäß Kap. 4.5.2 vorausgesetzt – die λ-Sonde im Saugrohr nach Abschluss der Applikationsarbeiten und vollständiger Adaption des Restfehlerkennfelds entfallen. Zu bewerten bleibt allenfalls die Qualität der Luftaufwand-Modellierung in extrem heißer oder kalter Umgebung, die im Rahmen der vorliegenden Arbeit nicht erfolgen konnte.

8 Literaturverzeichnis

[1] Alfieri, E.; Amstutz, A.; Guzella, L.; Schilling, A.: Emissionsgeregelte Dieselmotoren; MTZ 11/2007 (68)

[2] Allmendinger, K.: Modellbildung und modellbasierte Estimation therodynamischer Prozessgrößen am Beispiel eines Dieselmotors; Dissertation; Universität-Gesamthochschule Siegen; 2002

[3] Alt, N.; Lichtenberg, T.; Nehl, J.; Heuer, S.; Thiele R.: Akustikkalibrierung für den Diesel-Kaltstart; MTZ 4/2004 (65)

[4] AVL CAMEO 2011 Users Guide Advanced; V3.4; August 2010

[5] Badami, M.; Mallamo, F.; Millo, F.; Rossi, E.E.: Influence of Multiple Injection Strategies on Emissions, Combustion Noise and BSFC of a DI Common Rail Diesel Engine; SAE Paper 2002-01-0503

[6] Badami, M.; Millo, F.; D'Amato, D.D.: Experimental Investigation on Soot and NOx Formation in a DI-Common Rail Diesel Engine with Pilot Injection; SAE Paper 2001-01-0657

[7] Bargende, M.: Berechnung und Analyse innermotorischer Vorgänge; Vorlesungsmanuskript, IVK, Universität Stuttgart, 2004

[8] Bargende, M.: Verbrennungsmotoren III; Vorlesungsmanuskript; IVK, Universität Stuttgart; 2004

[9] Bismarck von, B.; Pucher, H.; Roesler, C.: Gesamtprozessanalyse in Echtzeit - Modellbasierte Berechnung der Zylinderladung zur Regelung moderner Brennverfahren; 2. Konferenz Motorprozesssimulation und Aufladung; Berlin; 2007

[10] Bittermann, A.; Kranawetter, E.; Krenn, J.; Ladein, B; Ebner, T.; Altenstrasser, H.; Koegeler, H.M.; Gschweitl, K.: Emissionsauslegung des dieselmotorischen Fahrzeugantriebs mittels DoE und Simulationsrechnung; MTZ 6/2004 (65)

[11] Bleile, T.; Birk, M.; Naber, D.; Krüger, M.; Wittmer, A.: Modellbasiertes Air-Management beim Dieselmotor; 11. Aufladetechnische Konferenz 2006; Dresden; 2006

[12] Borgers, M.; Haußner, M.; Houben, H.; Marto, A.; Pechhold, F.: Drucksensor-Glühkerze für Dieselmotoren; MTZ 11/2004 (65)

[13] Bosch LSU 4.9: Technische Produktinformation: Planare Breitband Lambdasonde; Y 258 E00 015; 2005

[14] Bürgler, L.; Glensvig, M.; Neunteufl, K.; Weißbäck, M.: Fahrzeugapplikation mit alternativer Dieselverbrennung; MTZ 11/2005 (66)

[15] Burkhardt, C.; Bargende, M.: Eine praktische Methode zur Bestimmung des realen Verdichtungsverhältnisses; Haus der Technik Fachbuch „Klopfregelung für Ottomotoren II - Trends für Serienentwickler"; Band 74; 2006

[16] Carlucci, P.; Ficarella, A.; Laforgia, D.: Effects of Pilot Injection Parameters on Combustion for Common Rail Diesel Engines; SAE Paper 2003-01-0700

[17] Decker, M.; Hintz, K.; Nobis, J.; Joerres, M.; Gühmann, C.: Geräuschgeregelter Dieselmotor; MTZ 3/2011 (72)

[18] DoE – Design of Experiments; Die Bibliothek der Technik; Verlag Moderne Industrie; 2005; ISBN 3-937889-10-8

[19] Eilts, P.; Broda, A.: Potenziale des variablen Ventiltriebs am Dieselmotor; MTZ-Konferenz – Motor: Ladungswechsel im Verbrennungsmotor; Stuttgart; 2008

[20] Fahrmeir, L.; Künstler, R. Pigeot, I.; Tutz, G.: Statistik - Der Weg zur Datenanalyse; 2. Auflage, Springer Verlag Berlin Heidelberg New York; 1999; ISBN 3-540-65053-9

[21] Ganser, J.; Kleppmann, W.; Schwelberger, W.; Trefzger, B.: Kühlkreislaufentwicklung mittels DoE; MTZ 9/2004 (65)

[22] Genieser, P.; Elsässer, A.; Gurney, D.; Warth, M.: Systementwicklung für zukünftige PKW-Dieselmotoren; MTZ 10/2010 (71)

[23] Göhringer, V.: Beitrag zur experimentellen Bestimmung des Strukturübertragungsmaßes von Dieselmotoren; Dissertation; Universität Stuttgart; 2008

[24] Göhringer, V.; Bargende, M.; Philipp, U.: Experimentelle Bestimmung des motorspezifischen Strukturübertragungsmaßes von Dieselmotoren; 8. Internationales Stuttgarter Symposium, Automobil- und Motorentechnik, Tagungsband, Vieweg-Verlag, Wiesbaden; 2008

[25] Gruber, M.; Hatz, W.; Bauder, R.; Pamio, Z.-G.; Reuss, T.; Lörch, H.; Burkardt, A.: Der neue Audi 3,0l V6-TDI mit Ultra Low Emission System; 17. Aachener Kolloquium Fahrzeug- und Motorentechnik 2008

[26] Gutjahr, T.; Ulmer, H.; Kruse, T; Markert, H.; Ament, C.: Advanced Approaches for the Identification of Dynamic Engine Behavior with Probabilistic Modeling; 6th Conference Design of Experiments (DoE) in Engine Development; Berlin 2011

[27] Haas, S.-F.: Experimentelle und theoretische Untersuchung homogener und teilhomogener Dieselbrennverfahren; Dissertation; Universität Stuttgart; 2007

[28] Haas, S.-F.; Gabel, K.; Kutschera, I.; Kuhnert, S.; Spicher, U.: Einfluss verringerter Spritzlochdurchmesser auf Gemischbildung, Verbrennung und Emissionen eines Dieselmotors; 9. Internationales Symposium für Verbrennungsdiagnostik; Baden-Baden; 2010

[29] Hadler, J.; Rudolph, F.; Dorenkamp, R.; Steher, H.; Hilzendeger, J.; Kranzusch, S.: Der neue 2,0-l-TDI-Motor von Volkswagen für niedrigste Abgasgrenzwerte - Teil 1; MTZ; 5/2008 (69)

[30] Hahne, B.; Neuendorf, S.; Paehr, G.; Vollmers, E.: Neue Dieselmotoren für Volkswagen-Nutzfahrzeug-Anwendungen; 1/2010 (71)

[31] Hahne, E.: Technische Thermodynamik - Einführung und Anwendung; Oldenbourg Verlag München Wien; 3. Auflage;2000

[32] Hart, M.: Auswertung direkter Brennrauminformationen am Verbrennungsmotor mit estimationstheoretischen Methoden; Dissertation; Universität Siegen; 1999

[33] Herrmann, O.; Krüger, M.; Pischinger S.:Regelung von Ladedruck und AGR-Rate als Mittel zur Emissionsregelung bei Nutzfahrzeugmotoren; MTZ 10/2005 (66)

[34] Heuer, S.: Verbrennungsgeräusch des direkteinspritzenden Hubkolbenmotors; Dissertation; Rheinisch-Westfälische Technische Hochschule Aachen; 2001

[35] Isermann, R.; Konigorski U.: Forschungsantrag FVV Projekt 1035 Online-Methoden; 2008

[36] Jankov, K.: Beitrag zur automatisierten Steuerkennfeld-Applikation bei Fahrzeug-Dieselmotoren; Dissertation; Technische Universität Berlin; 2008

[37] Jeschke, J.: Konzeption und Erprobung eines zylinderdruckbasierten Motormanagements für PKW-Dieselmotoren; Dissertation; Otto-von-Guericke-Universität Magdeburg; 2002

[38] Jureckova, J.; Picek, J.: Robust Statistical Methods with R; Chapman & Hall/CRC; 2006; ISBN-13: 978-1584884545

[39] Kirchen, P.: Rußpartikel-Rohemissionsberechnung - Development and Validation of a Mean Value Soot Model for Steady-State and Transient Engine Operation; Abschlussbericht FVV-Vorhaben Nr. 855; Heft 898-2010; 2010

[40] Klein, P.: Zylinderdruckbasierte Füllungserfassung für Verbrennungsmotoren; Dissertation; Universität Siegen; 2009

[41] Köhler, U.; Bargende, M.; Schwarz, F.; Spicher, U.: Entwicklung eines allgemeingültigen Restgasmodells für Verbrennungsmotoren; Abschlussbericht FVV Vorhaben Nr. 740; 2002

[42] Kopp, C.: Variable Ventilsteuerung für PKW-Dieselmotoren mit Direkteinspritzung; Dissertation; Otto-von-Guericke-Universität Magdeburg; 2006

[43] Kötten, H.; Schneider, F.; Fang, F.; Gußner, T.; Isermann, R.: Robust Regression and Outlier-Detection for Combustion Engine Measurements; 4. Tagung Design of Experiments (DoE) in der Motorenentwicklung; Mai 2007; Berlin

[44] Kozuch, P.; Gärtner, U.: Besonderheiten der Abgasrückführung bei Nutzfahrzeugmotoren; Motorische Verbrennung - Aktuelle Probleme moderne Lösungsansätze (VII. Tagung); Berichte zur Energie -und Verfahrenstechnik; Schriftenreihe Heft 5.1; München 2005

[45] Langen, P.; Hall, W.; Nefischer, P.; Hiemesch, D.: Der neue zweistufig aufgeladene Sechszylinder-Dieselmotor im BMW 740d; MTZ 4/2010 (71)

[46] Larink, J.: Zylinderdruckbasierte Auflade- und Abgasrückführregelung für PKW-Dieselmotoren; Dissertation; Otto-von-Guericke-Universität Magdeburg; 2005

[47] Martini, E.; Achten, J.; Keuth, N.; Pflügl, H.; Wellers, M.: Von der Idee zum Produkt: Das Smart Calibration Konzept von AVL; 3. Internationales Symposium für Entwicklungsmethodik; Wiesbaden 2009

[48] McCracken, M.E.; Abraham, J.: Swirl-Spray Interactions in a Diesel Engine; SAE Paper 2001-01-0996

[49] Merker, G.P.; Schwarz, C.; Stiesch, G. Otto, F.: Verbrennungsmotoren - Simulation der Verbrennung und Schadstoffbildung; Teubner Verlag; 2. Auflage; 2004

[50] Molinari, B.; Rasser, M.; Tanska, T: Versuchsplanung für die Entwicklung von Großmotoren; MTZ 2/2005 (66)

[51] Mollenhauer, K.; Tschöke, H. :Handbuch Dieselmotoren; Springer-Verlag; 3. Auflage; 2007; ISBN 978-3-540-72164-2

[52] Montgomery, D.C.: Design and Analysis of Experiments; John Wiley & Sons, Inc.; 2001; ISBN 0-471-31649-0

[53] Mueller, C.J.; Martin, G.C.; Briggs, T.E.; Duffy, K.P.: An Experimental Investigation of In-Cylinder Processes Under Dual-Injection Conditions in a DI Diesel Engine; SAE 2004-01-1843

[54] Müller, H.; Bertling, H.: Programmierte Auswertung von Druckverläufen in Ottomotoren; Fortschrittsberichte der VDI-Zeitschrift, Reihe 6, Nr. 30

[55] Neumann, D.; Schrade, F.; Basse, N.; Schäffner, J.; Tschiggfrei, W.; Krämer, L.: Kohlenmonoxid – Die neue Emissionsherausforderung für Diesel-Pkw; MTZ 07-08/2009 (70)

[56] NORM DIN 1940 12.1976. Verbrennungsmotoren; Hubkolbenmotoren, Begriffe, Formelzeichen, Einheiten

[57] Nöthen, C.: Strategien zur Gassystemregelung von Pkw-Dieselmotoren; Dissertation; Otto-von-Guericke-Universität Magdeburg; 2010

[58] Odendall, B.: Fehlerbetrachtung bei der Messung von Gastemperaturen; MTZ 3/2003 (64)

[59] Otte, R.; Raatz, T.; Wintrich, T.: Homogene Dieselverbrennung – Herausforderung für System, Komponenten und Kraftstoff; MTZ 12/2008 (69)

[60] Patentschrift DE 10 2007 053 719 B3: Zylinder-Kenngrößen geführte Einspritzstrategie

[61] Pischinger, R.; Klell, M.; Sams, T.: Thermodynamik der Verbrennungskraftmaschine; SpringerWienNewYork-Verlag; 3. Auflage; 2009; ISBN 978-3211-99276-0

[62] Pivec, R.; Sams, T.; Wimmer, A.: Wärmeübergang im Ein- und Auslaßsystem; MTZ 59 (1998)

[63] Portalier, J.; Blanc, J.C.; Garnier, F.; Schorn, N.; Kindl, H.; Galindo, J.; Jeckel, D.; Uhl, P.; Laissus, J.-J.: Twin Turbo Boosting system design fort he new generation of PSA 2,2 liter HDI Diesel engines; 11. Aufladetechnische Konferenz 2006; Dresden; 2006

[64] Reif, K. (Hrsg.): Dieselmotor-Management im Überblick; Vieweg+Teubner Verlag; Springer Fachmedien Wiesbaden GmbH; 2010; ISBN 978-3-8348-1313-8

[65] Renninger, P.: Schnelle Variationsraumbestimmung – Voraussetzung für eine effektive Versuchsplanung; Tagung Motorentwicklung auf dynamische Prüfständen; Haus der Technik, Wiesbaden; 2004

[66] Robert Bosch GmbH: Dieselmotor-Management; Vieweg-Verlag; 4. Auflage; 2004; ISBN 3-528-23873-9

[67] Rousseeuw, P.J.; Leroy, A.M.: Robust Regression and Outlier Detection; John Wiley & Sons; 1987; ISBN 0-471-85233-3

[68] Rückert, J. ; Kinoo, B.; Krüger, M.; Schloßer A.; Rake, H.; Pischinger, S.: Simultane Regelung von Ladedruck und AGR-Rate; MTZ 11/2001 (62)

[69] Rückert, J.; Richert, F.; Schloßer, A.; Abel, D.; Herrmann, O.E.; Pfeifer, A.; Pischinger, S.: Ein Modellgestützter Prädikativer Ansatz zur Regelung von Ladedruck und AGR-Rate beim Nutzfahrzeug-Dieselmotor; Fachtagung Steuerung und Regelung von Fahrzeugen und Motoren - AUTOREG 2004; VDI-Berichte 1828; VDI-Verlag; Düsseldorf 2004

[70] Russel, M.F.: Diesel Engine Noise: Control at Source; SAE Paper 820238

[71] Russell, M.F.; Young, C.D.: Measurement of Diesel Combustion Noise, The Institute of Mech. Engineers, Conference "Autotech 85", 1985.

[72] Schäuffele, J.; Zurawka, T.: Automotive Software Engineering; Vieweg-Verlag; 2. Auflage; 2004; ISBN 3-528-11040-6

[73] Schloßer, A.: Modellbildung und Simulation zur Ladedruck- und Abgasrückführregelung an einem Dieselmotor; Dissertation; Rheinisch-Westfälische Technische Hochschule Aachen; 2000

[74] Schmalzing, C.-O.: Theoretische und experimentelle Untersuchung zum Strahlausbreitungs- und Verdampfungsverhalten aktueller Diesel-Einspritzsysteme; Dissertation; Universität Stuttgart; 2001

[75] Schnorbus, T.; Lamping, M.; Körfer, T.; Pischinger, S.: Weltweit unterschiedliche Kraftstoffqualitäten - Neue Anforderungen an die Verbrennungsregelung beim modernen Dieselmotor; MTZ 04/2008 (69)

[76] Schubiger, R. A.: Untersuchungen zur Rußbildung und –oxidation in der dieselmotorischen Verbrennung: Thermodynamische Kenngrößen, Verbrennungsanalyse und Mehrfarbenendoskopie; Dissertation; ETH Zürich; 2001

[77] Seabrook, J.; Rebhan, M.; Yongsheng He; Battiston, P.A.; Xin He: SCR-Applikation mittels statistischer Versuchsplanung; MTZ 6/2010 (71)

[78] Smith, L.A.; Fickenscher, T.; Osborne, R.P.: Engine breathing – steady speed volumetric efficiency and its validity under transient engine operation; SAE Paper 1999-01-0212;1999

[79] Steinparzer, F.; Stütz, W.; Kratochwill, H.; Mattes, W.: Der neue BMW-Sechszylinder-Dieselmotor mit Stufenaufladung; MTZ 5/2005 (66)

[80] Stölting; E.; Seebode, J.; Gratzke R.; Behnk, K. Aydin, F.: Emissionsbasierte Prozessregelung am Nutzfahrzeug-Dieselmotor; 17. Aachener Kolloquium Fahrzeug- und Motorentechnik 2008

[81] Stölting; E.; Seebode, J.; Gratzke R.; Behnk, K.: Emissionsgeführtes Motormanagement für Nutzfahrzeuganwendungen; MTZ 12/2008 (69)

[82] Talbot, J.; Nezan, S.: Optimierung der Motorleistung durch Simulation und Testen von Abgasanlagen; MTZ 9/2009 (70)

[83] Turin, R.C.; Zhang, R.; Chang, M.F.: Volumetric efficiency model for variable cam-phasing and variable lift applications; SAE Paper 2008-01-0995; 2008

[84] Warnatz, J.; Maas, U.; Dibble, R.W.: „Verbrennung", Springer Verlag; 3. Auflage; 2001; ISBN 3-540-42128-9

[85] Weber, O.; Volker, J.; Bullmer, W.; Wyatt, S.: Variable Ventilsteuerung als Ergänzung zur Hybrid-Abgasrückführung beim Dieselmotor; MTZ 04/2009 (70)

[86] Weberbauer, F.; Rauscher, M.; Kulzer, A.; Knopf, M.; Bargende, M.: Allgemein gültige Verlustteilung für neue Brennverfahren; MTZ 2/2005 (66)

[87] Woschni G.: A universally Applicable Equation for the Instantaneous Heat Transfer Coefficient in the Internal Combustion Engine; SAE Paper 670931; (1967).

[88] Zacharias, F.: Analytische Darstellung der thermodynamischen Eigenschaften von Verbrennungsgasen; Dissertation; Technische Universität Berlin; 1966

[89] Zapf, H.: Beitrag zur Untersuchung des Wärmeübergangs während des Ladungswechsels im Viertakt-Dieselmotor; MTZ 30; 1969

[90] Zeldovich, Y.B.: The Oxidation of Nitrogen in Combustion and Explosions Acta physiochimica, USSR, Vol.21, 1946

9 Anhang

A1 Bestimmung der AGR-Rate

Die massenbezogene Definition der AGR-Rate, Gl. (3.14), lässt sich unter Annahme gleicher molarer Massen von Frischluft und Abgas (vgl. Kap. 4.5.4 bzw. [61]) in eine stoffmengenbezogene Definition überführen:

$$AGR = \frac{m_{AGR}}{m_{FL} + m_{AGR}} = \frac{n_{AGR} \cdot \overline{M}_{AGR}}{n_{FL} \cdot \overline{M}_{FL} + n_{AGR} \cdot \overline{M}_{AGR}} \approx \frac{n_{AGR}}{n_{FL} + n_{AGR}} \tag{9.1}$$

Unter Vernachlässigung des CO_2-Anteils der Frischluft entspricht die CO_2-Stoffmenge im Saugrohr der Stoffmenge im zurückgeführten Abgas:

$$n_{CO2\,AGR} \approx n_{CO2\,SR} \tag{9.2}$$

Weiterhin gilt für die volumetrische CO_2-Konzentrationen in Saugrohr und Abgas (Wasserabscheidung im zurückgeführten Abgas wird vernachlässigt):

$$x_{CO2\,SR} = \frac{n_{CO2\,SR}}{n_{AGR} + n_{FL}} \tag{9.3}$$

$$x_{CO2\,Abg} = x_{CO2\,AGR} = \frac{n_{CO2\,AGR}}{n_{AGR}} \tag{9.4}$$

Die Gleichungen (9.3) und (9.4) nach den CO_2-Stoffmengen aufgelöst und in Gl. (9.2) eingesetzt folgt schließlich:

$$AGR = \frac{x_{CO2\,SR}}{x_{CO2\,Abg}} \tag{9.5}$$

Damit kann die AGR-Rate über Messung der CO_2-Konzentrationen in Abgas und Saugrohr bestimmt werden.

Eine Bestimmung über die Sauerstoffkonzentrationen in Saugrohr und Abgas ist ebenfalls möglich, setzt man Gl. (9.3) und Gl. (9.4) ein in die Sauerstoff-Mengenbilanz im Saugrohr:

$$n_{O2\,SR} = n_{O2\,AGR} + n_{O2\,FL} \tag{9.6}$$

Nach einiger Rechnung erhält man:

$$AGR = \frac{x_{O2\,FL} - x_{O2\,SR}}{x_{O2\,FL} - x_{O2\,Abg}} \tag{9.7}$$

Legt man eine konstante Sauerstoffkonzentration für Frischluft von etwa 20,9% zugrunde, ergibt sich letztlich die Bestimmungsgleichung:

$$AGR = \frac{0{,}209 - x_{O2\,SR}}{0{,}209 - x_{O2\,Abg}} \tag{9.8}$$

A2 Modellqualität und -Validierung

Als Maß für die Modellqualität werden für jedes verwendete Modell die in Kap. 5.2.3 beschriebenen Gütemaße der Regression aufgeführt. Um eine schnelle qualitative Bewertung zu erleichtern, wird für die Regressionskoeffizienten eine graphische Kategorisierung verwendet:

- $R^2/R^2_{adj}/R^2_{pred} \geq 0.9$:  gute bis sehr gute Modellqualität
- $R^2/R^2_{adj}/R^2_{pred} \geq 0.7$: mittlere Modellqualität
- $R^2/R^2_{adj}/R^2_{pred} < 0.7$:  mäßige Modellqualität

Weiterhin werden für jedes Modell die Standardabweichungen der Residuen, der Validierungsmessungen und der *PRESS*-Statistik in Form von Balkendiagrammen dargestellt.

Für die Modellvalidierung werden die Validierungsmessungen aller untersuchten Betriebspunkte zusammengefasst und zielgrößenorientiert in Messwert versus Modellwert-Diagrammen sowie Normal-Quantil-Plots analysiert, vgl. Kap. 5.2.3.

A2.1 Stickoxide

BP	R^2	R^2_{adj}	R^2_{pred}
1250/4	0.994	0.993	0.993
1250/4 (kalt)	0.993	0.991	0.990
1250/8	0.996	0.996	0.996
1500/8	0.997	0.996	0.996
1500/8 (kalt)	0.994	0.993	0.993
1500/4	0.996	0.995	0.994
1750/10	0.996	0.996	0.996
1000/4	0.996	0.995	0.994
2000/12	0.993	0.991	0.991
1500/12	0.989	0.988	0.985

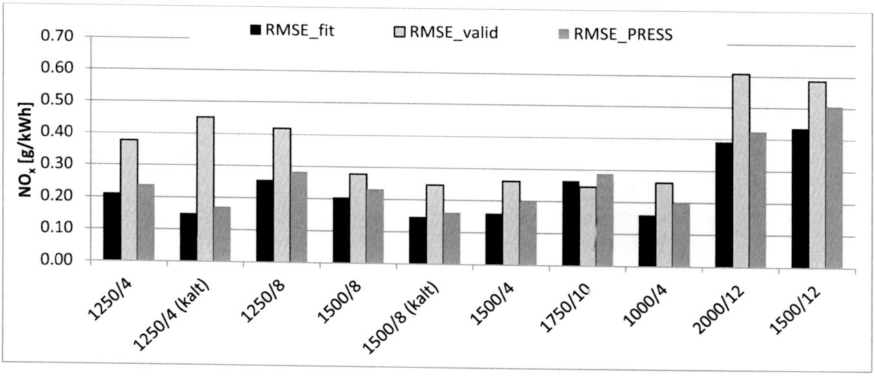

Validierung:

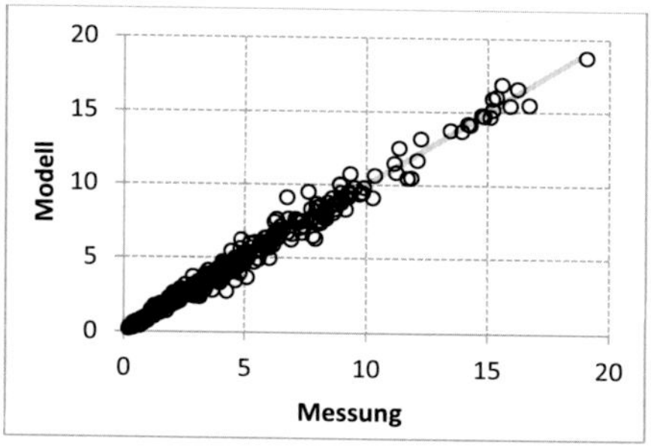

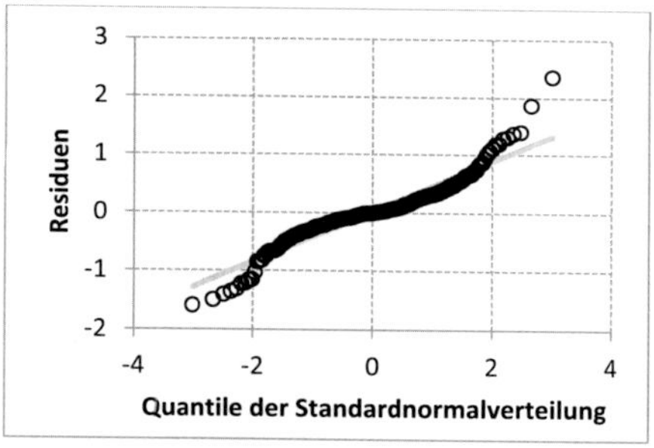

A2.2 Partikel

BP	R^2	R^2_{adj}	R^2_{pred}
1250/4	⇨ 0.702	⇩ 0.632	⇩ 0.547
1250/4 (kalt)	⇨ 0.869	⇨ 0.848	⇨ 0.836
1250/8	⇧ 0.936	⇧ 0.921	⇧ 0.913
1500/8	⇧ 0.950	⇧ 0.939	⇧ 0.944
1500/8 (kalt)	⇧ 0.909	⇨ 0.895	⇨ 0.869
1500/4	⇧ 0.910	⇨ 0.871	⇨ 0.837
1750/10	⇧ 0.960	⇧ 0.948	⇧ 0.951
1000/4	⇧ 0.910	⇨ 0.870	⇨ 0.837
2000/12	⇧ 0.928	⇧ 0.917	⇧ 0.915
1500/12	⇧ 0.912	⇨ 0.898	⇨ 0.883

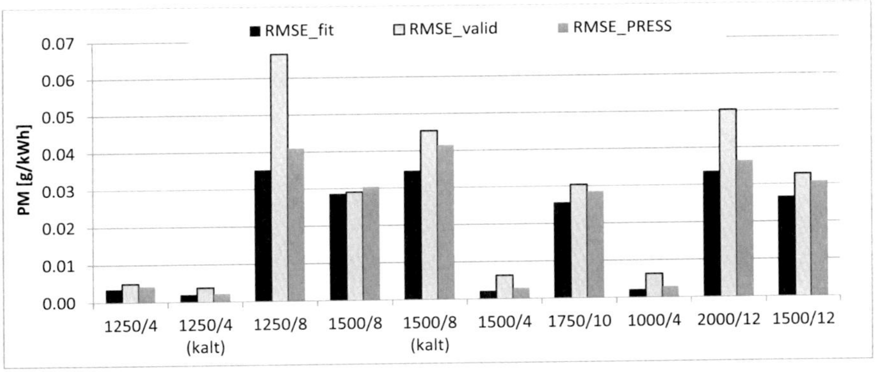

Validierung:

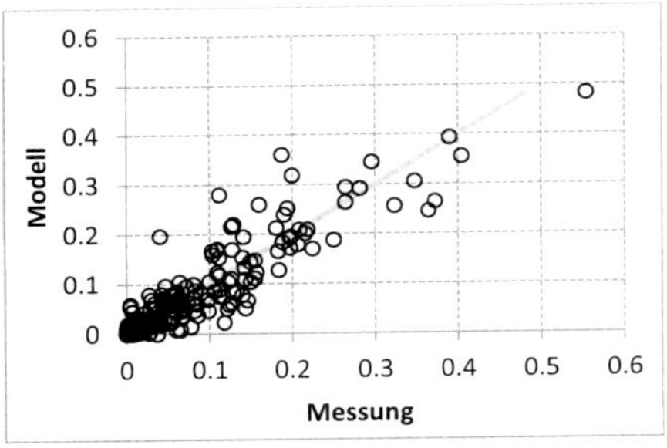

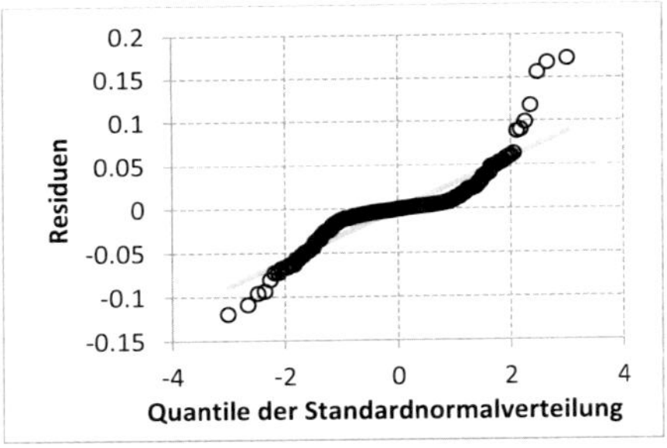

A2.3 Kohlenmonoxid

BP	R^2		R^2_{adj}		R^2_{pred}	
1250/4	⇧	0.968	⇧	0.957	⇧	0.950
1250/4 (kalt)	⇧	0.908	⇨	0.891	⇨	0.883
1250/8	⇧	0.935	⇧	0.926	⇧	0.912
1500/8	⇧	0.940	⇧	0.925	⇧	0.924
1500/8 (kalt)	⇧	0.972	⇧	0.967	⇧	0.935
1500/4	⇧	0.962	⇧	0.950	⇧	0.952
1750/10	⇧	0.947	⇧	0.931	⇧	0.929
1000/4	⇧	0.962	⇧	0.950	⇧	0.952
2000/12	⇧	0.960	⇧	0.951	⇧	0.939
1500/12	⇧	0.906	⇨	0.896	⇨	0.857

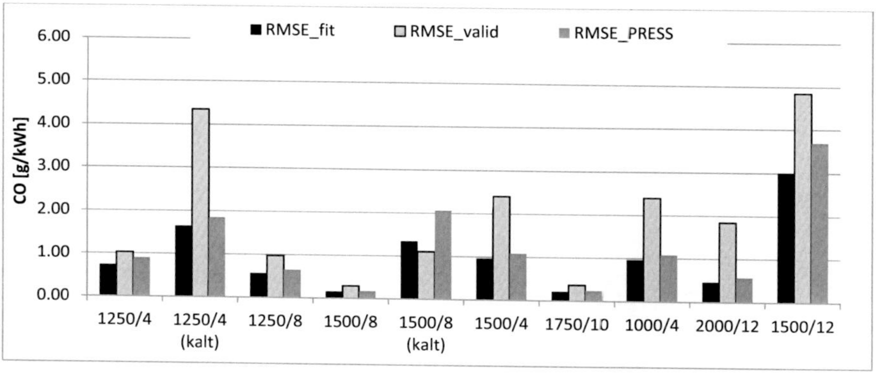

Validierung:

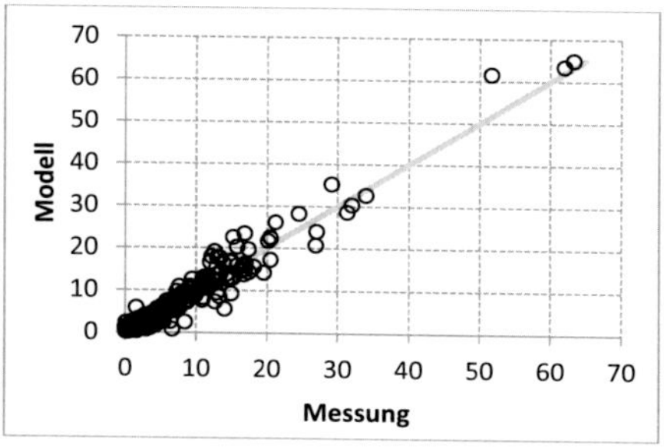

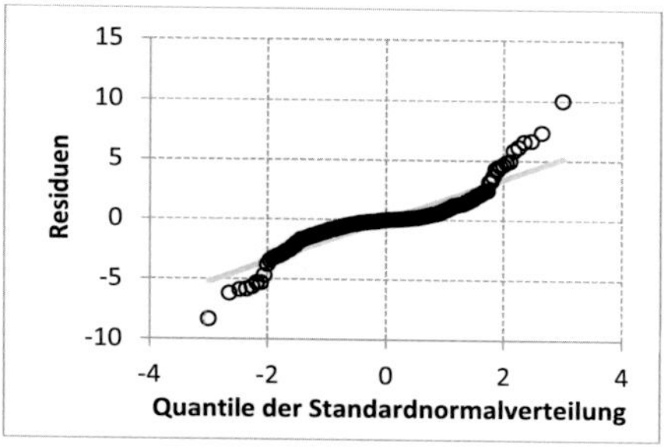

A2.4 Verbrennungsgeräusch

BP	R^2	R^2_{adj}	R^2_{pred}
1250/4	⇧ 0.905	⇨ 0.890	⇨ 0.884
1250/4 (kalt)	⇨ 0.892	⇨ 0.869	⇨ 0.869
1250/8	⇨ 0.892	⇨ 0.866	⇨ 0.860
1500/8	⇨ 0.878	⇨ 0.850	⇨ 0.842
1500/8 (kalt)	⇨ 0.867	⇨ 0.844	⇨ 0.835
1500/4	⇨ 0.869	⇨ 0.834	⇨ 0.822
1750/10	⇧ 0.901	⇨ 0.879	⇨ 0.876
1000/4	⇨ 0.869	⇨ 0.834	⇨ 0.822
2000/12	⇧ 0.917	⇧ 0.904	⇨ 0.900
1500/12	⇨ 0.890	⇨ 0.878	⇨ 0.866

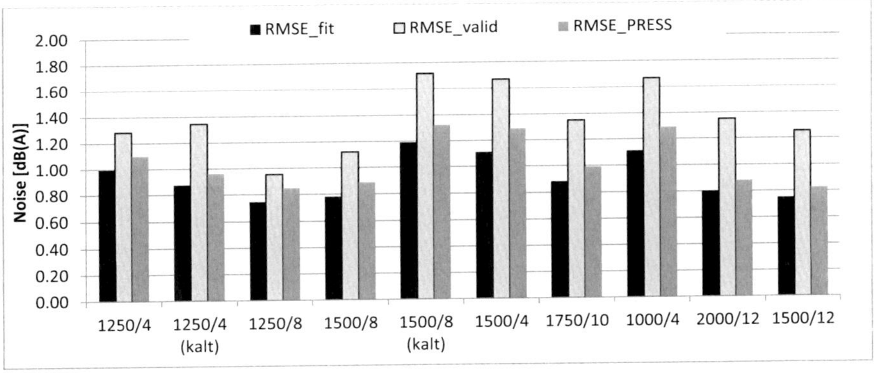

Validierung:

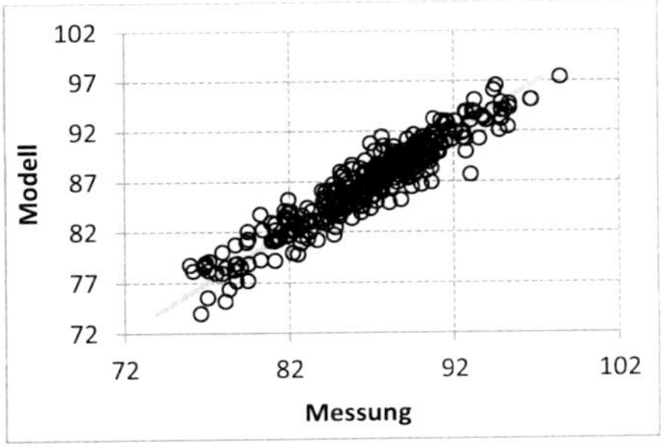

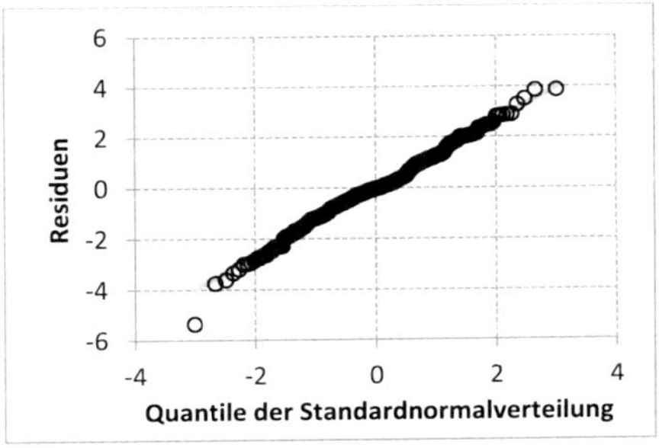

A2.5 Wirkungsgrad

Indizierte Wirkungsgrade:

η_{iHD}

BP	R^2	R^2_{adj}	R^2_{pred}
1250/8	⇧ 0.983	⇧ 0.972	⇧ 0.980
1500/4	⇨ 0.896	⇨ 0.872	⇨ 0.874
1750/10	⇧ 0.982	⇧ 0.978	⇧ 0.977
1000/4	⇨ 0.896	⇨ 0.872	⇨ 0.874
1500/12	⇧ 0.982	⇧ 0.980	⇧ 0.978

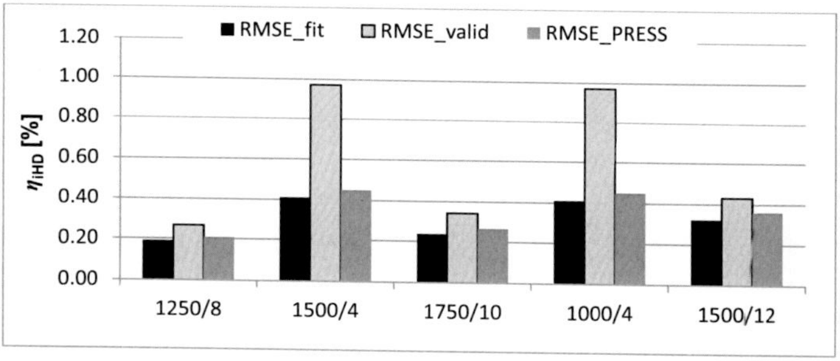

Validierung:

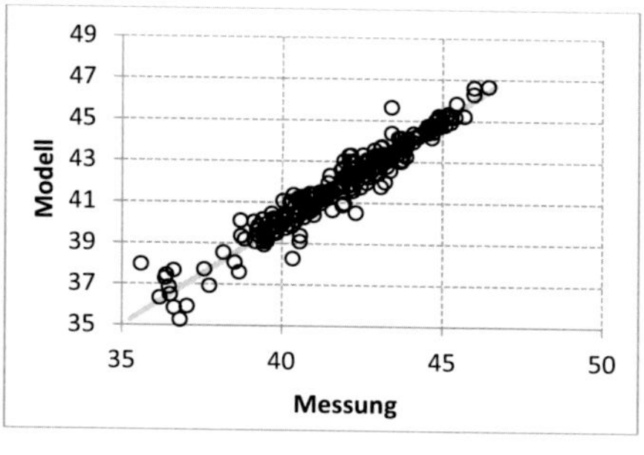

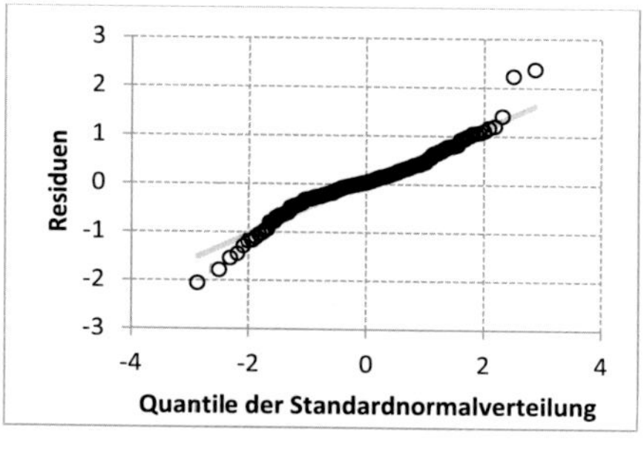

η_i

BP	R^2	R^2_{adj}	R^2_{pred}
1250/8	⇧ 0.967	⇧ 0.954	⇧ 0.963
1500/4	⇧ 0.930	⇧ 0.911	⇧ 0.912
1750/10	⇧ 0.960	⇧ 0.951	⇧ 0.951
1000/4	⇧ 0.930	⇧ 0.911	⇧ 0.912
1500/12	⇧ 0.972	⇧ 0.969	⇧ 0.965

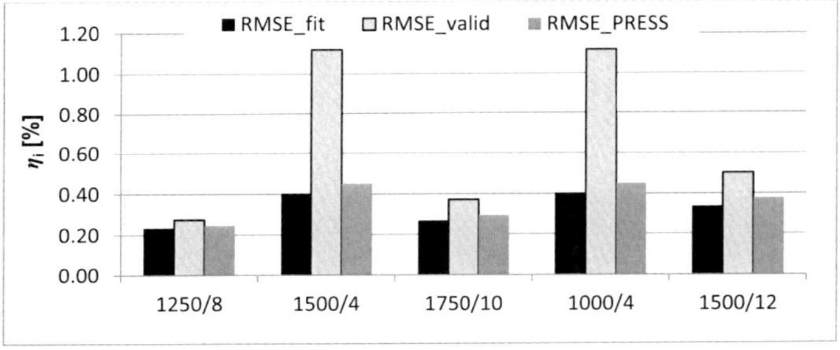

Validierung:

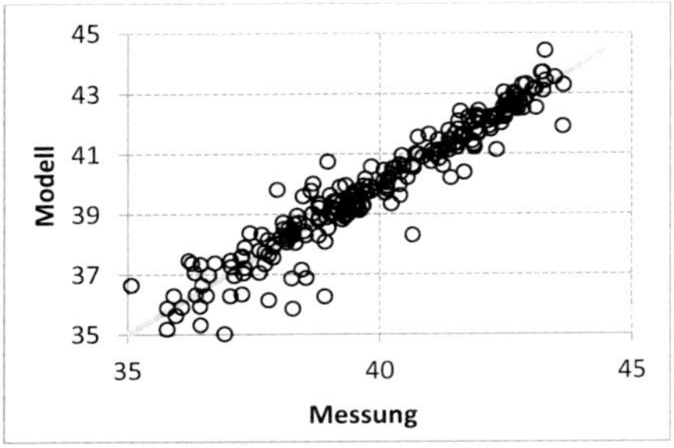

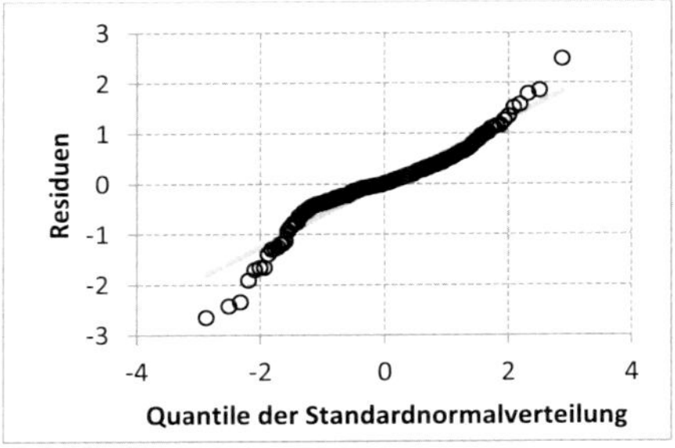

Wirkungsgradverluste aus der thermodynamischen Verlustteilung:

$\Delta\eta$ Reale Ladung

BP	R^2	R^2_{adj}	R^2_{pred}
1250/4	⇧ 0.996	⇧ 0.996	⇧ 0.996
1250/4 (kalt)	⇧ 0.990	⇧ 0.990	⇧ 0.990
1500/8	⇧ 0.996	⇧ 0.996	⇧ 0.996
1500/8 (kalt)	⇧ 0.997	⇧ 0.997	⇧ 0.997
2000/12	⇧ 0.995	⇧ 0.994	⇧ 0.994

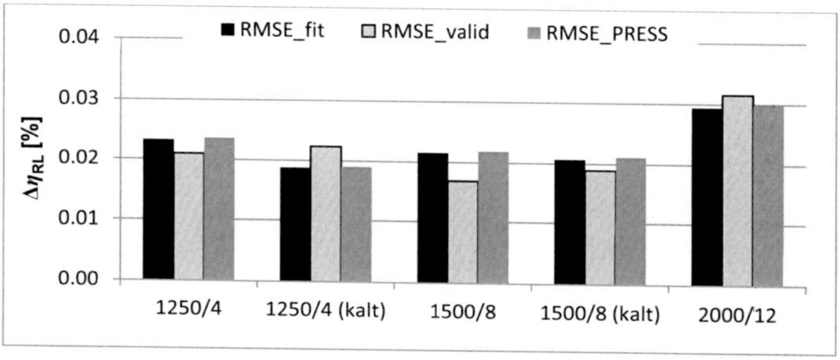

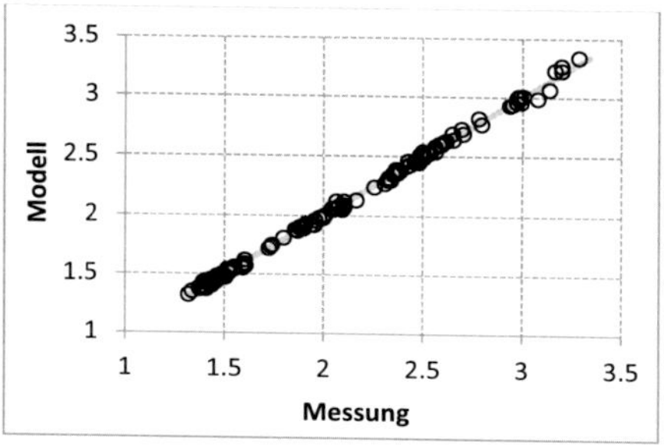

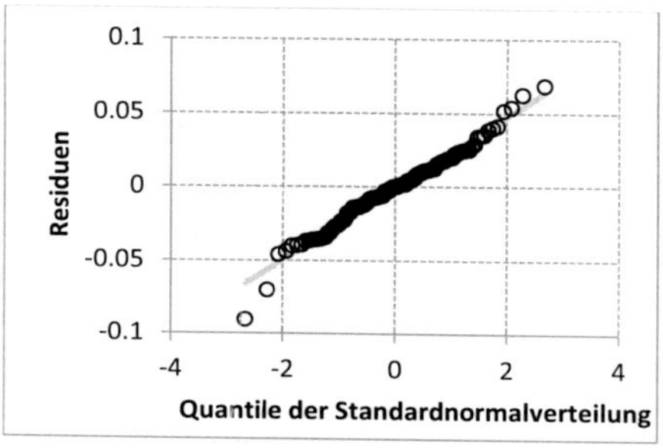

Δη Reale Schwerpunktlage

BP	R^2	R^2_{adj}	R^2_{pred}
1250/4	⇧ 0.972	⇧ 0.971	⇧ 0.971
1250/4 (kalt)	⇧ 0.988	⇧ 0.988	⇧ 0.988
1500/8	⇧ 0.996	⇧ 0.996	⇧ 0.996
1500/8 (kalt)	⇧ 0.994	⇧ 0.994	⇧ 0.994
2000/12	⇧ 0.996	⇧ 0.996	⇧ 0.996

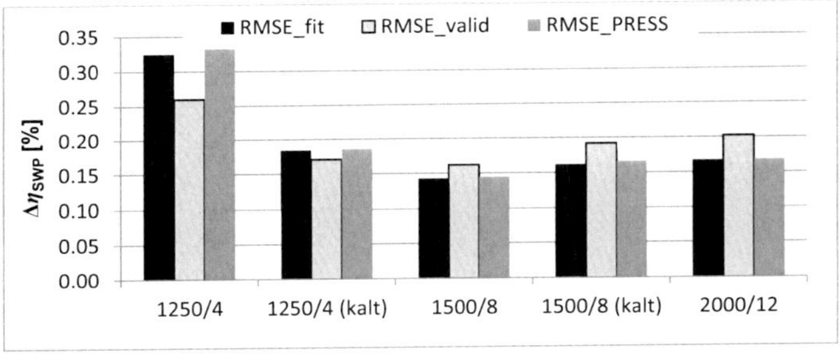

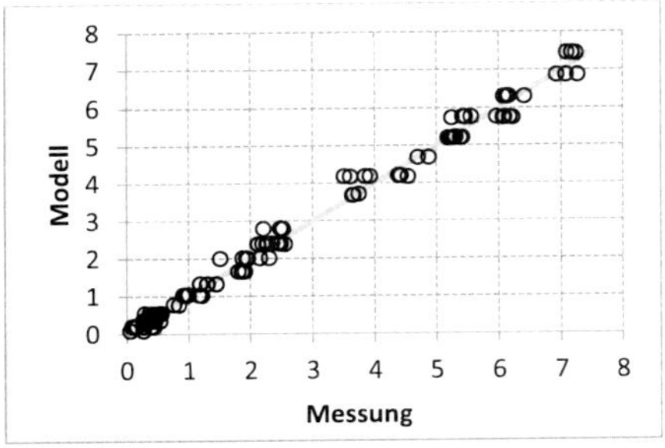

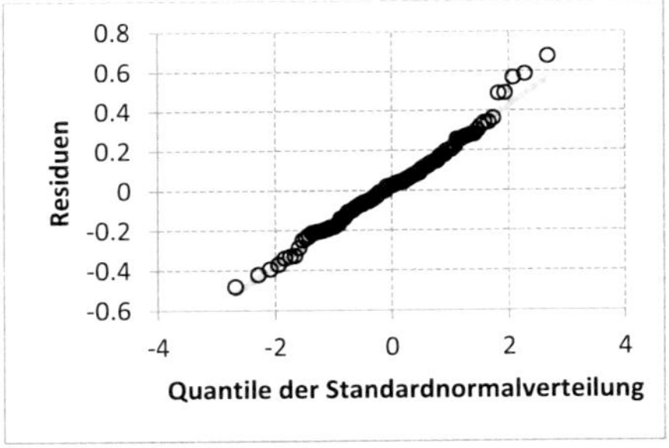

$\Delta\eta$ HC-/CO-Emissionen

BP	R^2		R^2_{adj}		R^2_{pred}	
1250/4	⇩	0.628	⇩	0.613	⇩	0.606
1250/4 (kalt)	⇨	0.741	⇨	0.735	⇨	0.731
1500/8	⇩	0.696	⇩	0.689	⇩	0.686
1500/8 (kalt)	⇩	0.577	⇩	0.566	⇩	0.557
2000/12	⇩	0.556	⇩	0.544	⇩	0.542

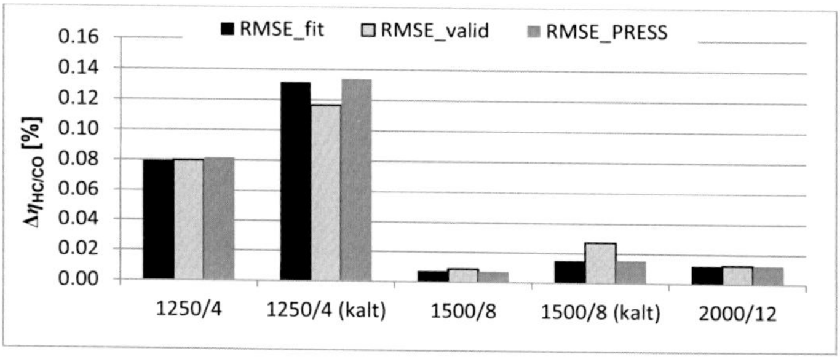

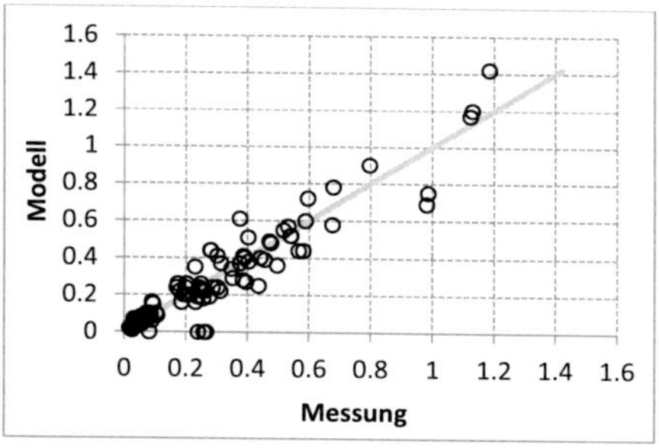

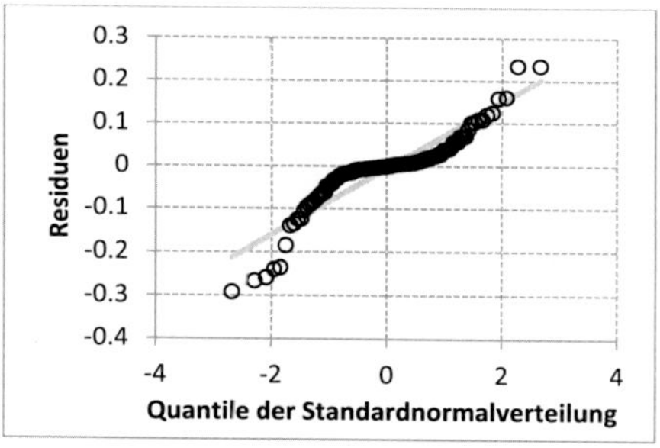

$\Delta\eta$ realer Brennverlauf

BP	R^2	R^2_{adj}	R^2_{pred}
1250/4	⇩ 0.174	⇩ 0.150	⇩ 0.148
1250/4 (kalt)	⇨ 0.810	⇨ 0.805	⇨ 0.803
1500/8	⇨ 0.719	⇨ 0.712	⇨ 0.710
1500/8 (kalt)	⇨ 0.822	⇨ 0.815	⇨ 0.812
2000/12	⇨ 0.877	⇨ 0.871	⇨ 0.870

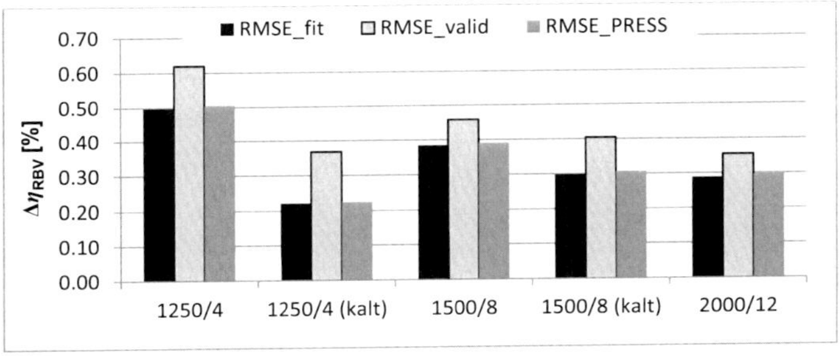

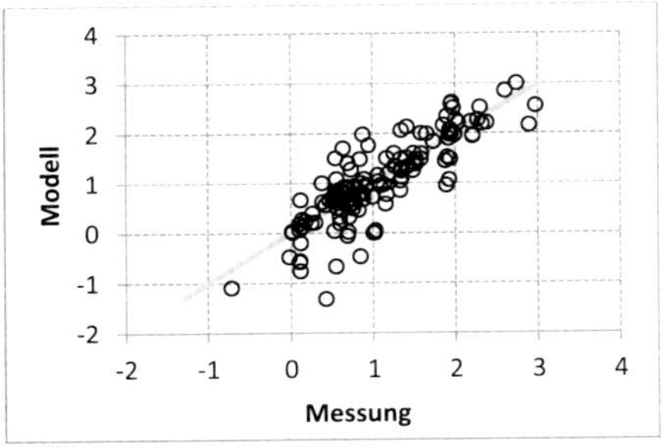

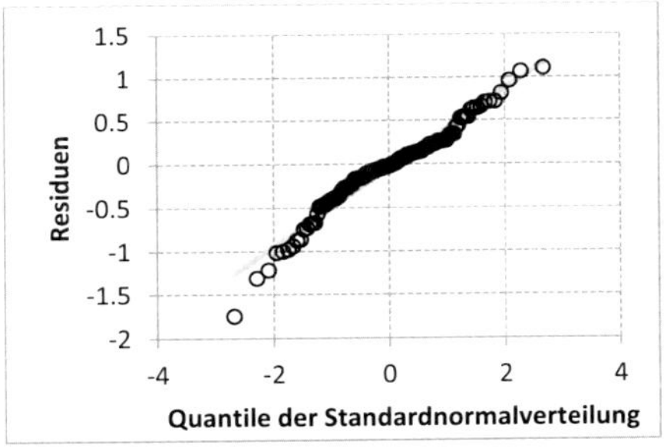

$\Delta\eta$ reale Kalorik

BP	R^2	R^2_{adj}	R^2_{pred}
1250/4	⇧ 0.929	⇧ 0.926	⇧ 0.926
1250/4 (kalt)	⇧ 0.912	⇧ 0.909	⇧ 0.909
1500/8	⇧ 0.977	⇧ 0.977	⇧ 0.977
1500/8 (kalt)	⇧ 0.982	⇧ 0.981	⇧ 0.981
2000/12	⇧ 0.986	⇧ 0.986	⇧ 0.986

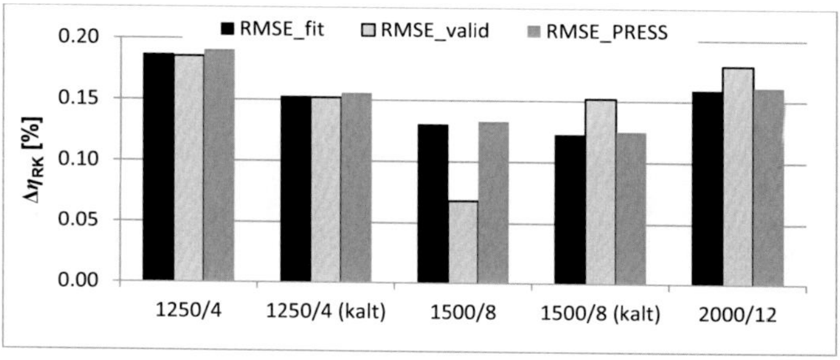

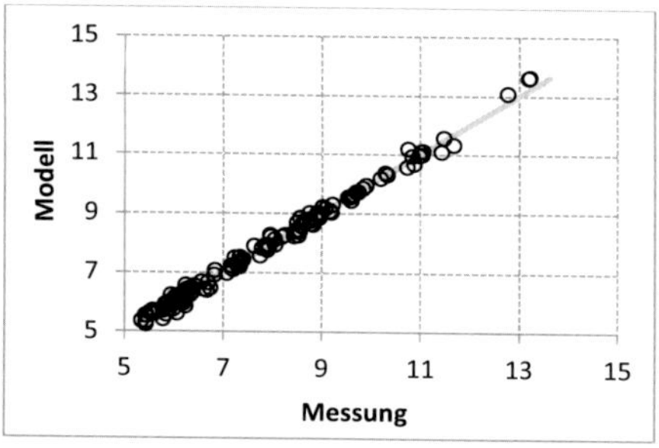

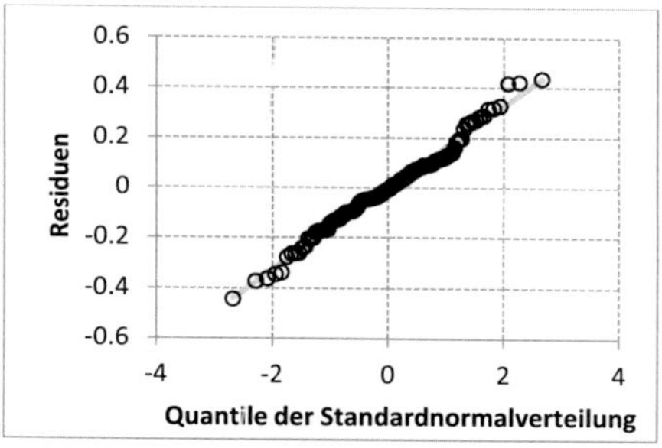

$\Delta\eta$ Wandwärme

BP	R^2	R^2_{adj}	R^2_{pred}
1250/4	⇧ 0.917	⇧ 0.914	⇧ 0.914
1250/4 (kalt)	⇧ 0.976	⇧ 0.975	⇧ 0.975
1500/8	⇧ 0.986	⇧ 0.986	⇧ 0.986
1500/8 (kalt)	⇧ 0.987	⇧ 0.986	⇧ 0.986
2000/12	⇧ 0.983	⇧ 0.982	⇧ 0.982

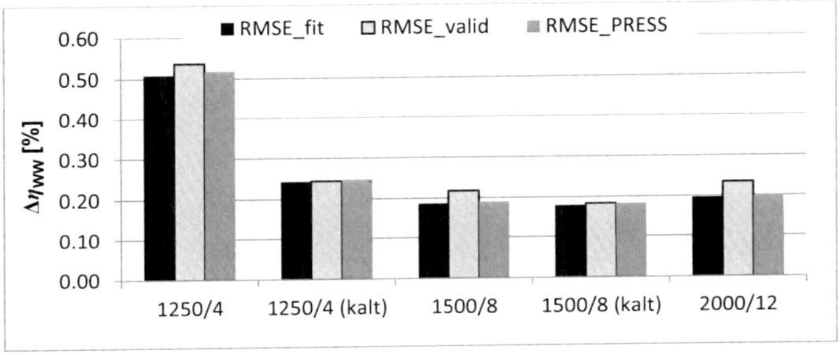

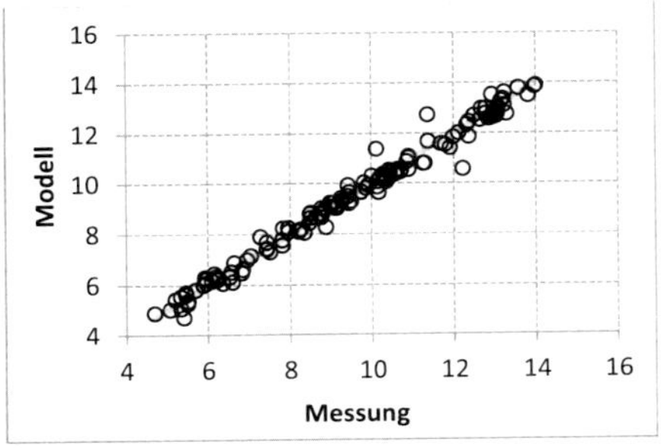

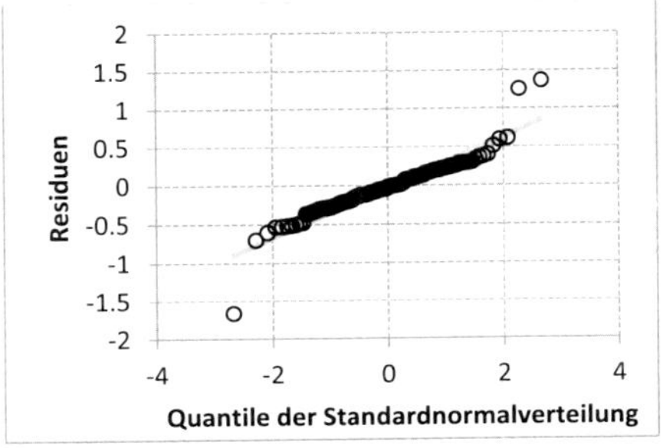

Δη reale Steuerzeiten

BP	R^2	R^2_{adj}	R^2_{pred}
1250/4	⇩ 0.664	⇩ 0.656	⇩ 0.655
1250/4 (kalt)	⇩ 0.546	⇩ 0.536	⇩ 0.537
1500/8	⇩ 0.572	⇩ 0.560	⇩ 0.558
1500/8 (kalt)	⇩ 0.667	⇩ 0.663	⇩ 0.662
2000/12	⇩ 0.642	⇩ 0.636	⇩ 0.636

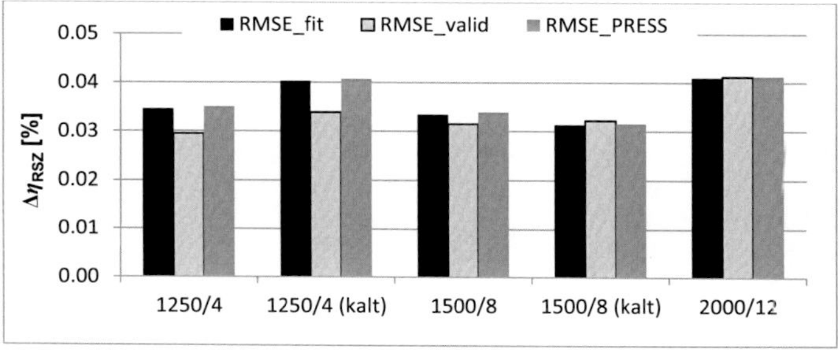

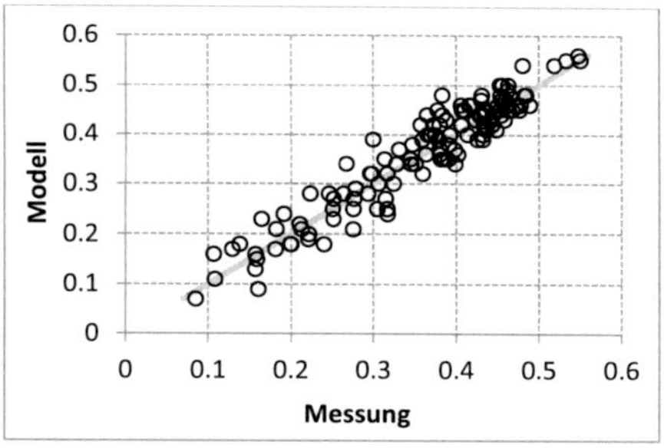

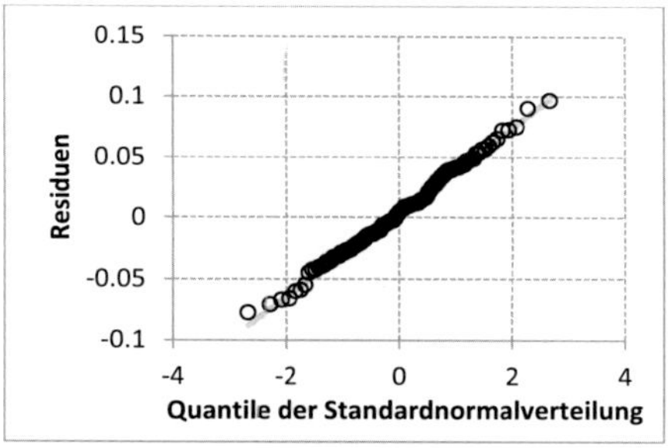

Δη Ladungswechsel

BP	R^2	R^2_{adj}	R^2_{pred}
1250/4	⇨ 0.843	⇨ 0.839	⇨ 0.840
1250/4 (kalt)	⇨ 0.899	⇨ 0.896	⇨ 0.895
1500/8	⇧ 0.939	⇧ 0.936	⇧ 0.936
1500/8 (kalt)	⇧ 0.915	⇧ 0.911	⇧ 0.910
2000/12	⇧ 0.960	⇧ 0.959	⇧ 0.959

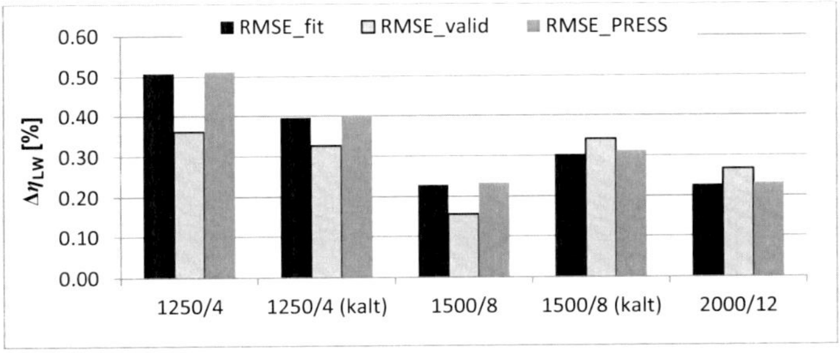

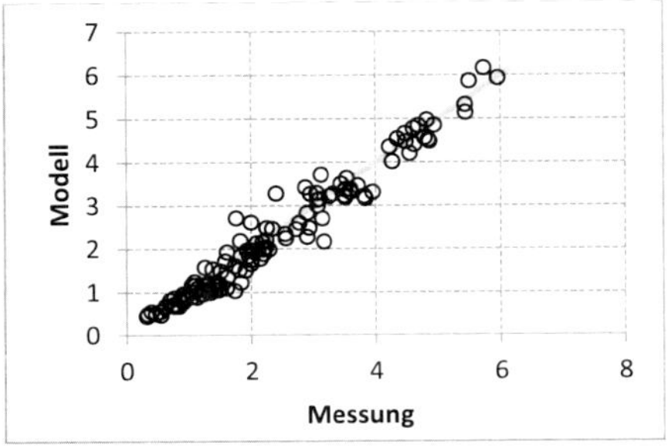

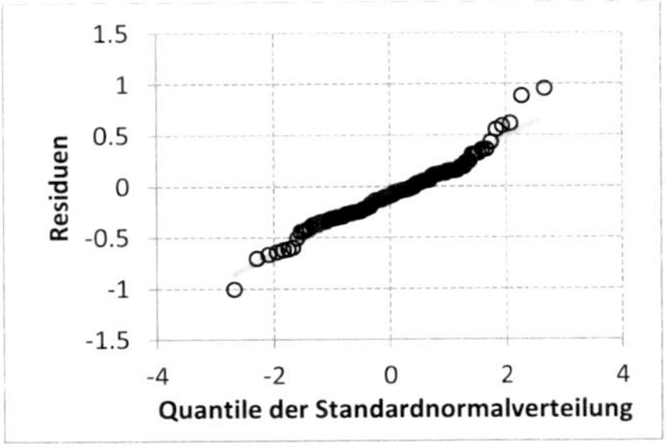

A3 Signalverarbeitung der λ-Sonde

Druckkompensation

Die für die Messung der Sauerstoffkonzentration im Saugrohr eingesetzte Breitband-λ-Sonde LSU 4.9 der Fa. Bosch weist eine Querempfindlichkeit gegenüber dem anliegenden Druck auf [13]. Daher muss das Sondensignal für die Messung mit Ladedrücken zwischen 1000 und 2500 mbar druckkompensiert werden.

Die Kalibrierung wurde am Motorprüfstand durchgeführt, die vorhandene Gasanalytik als Referenz verwendet. Die ermittelten Kennlinien werden im RP-System als Kennfeld abgelegt, Bild 2.1.

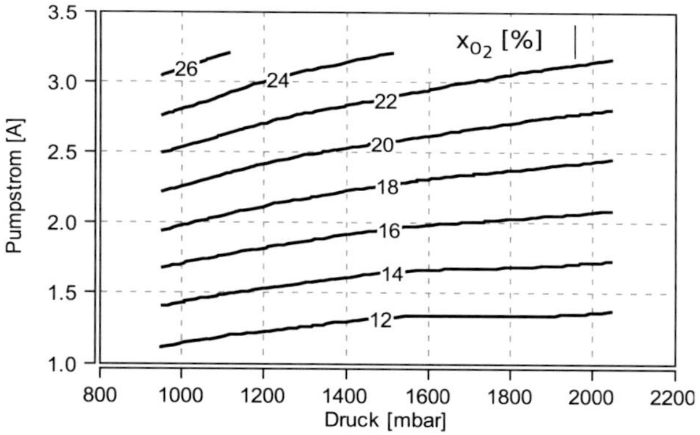

Bild 9.1: Druckkompensation λ-Sonde

Mit dem gemessenen Druck im Saugrohr und dem gemessenen Pumpstrom kann daraus im Fahrzeug die druckkompensierte Sauerstoffkonzentration ermittelt werden.

Temperaturregelung

Die LSU 4.9 arbeitet bei einer Betriebstemperatur von 780°C [13]. Die Temperaturregelung erfolgt über den Innenwiderstand R_i, der auf konstant 300 Ω geregelt wird. Mit dem Einsatz der Sonde im relativ kalten Saugrohr werden die Anforderungen an die Regelung gegenüber dem Einsatz im heißen Abgas deutlich verschärft. Insbesondere schnelle Drehzahländerungen, die einen großen Sprung im Massenstrom verursachen, stellen die Temperaturregelung vor große Herausforderungen. Durch Anpassung der Regelparameter der Betriebselektronik (ETAS ES631) konnten Befürchtungen, die

Sonde könne im dynamischen Motorbetrieb nicht korrekt arbeiten, entkräftet werden. Bild 9.2 zeigt Drehzahl- und Lastsprünge aus niedriger Teillast in die Volllast. Die Regelung begrenzt effektiv Abweichungen des Innenwiderstands vom Sollwert und sorgt so für eine konstante Arbeitstemperatur der Sonde selbst unter extremen Bedingungen.

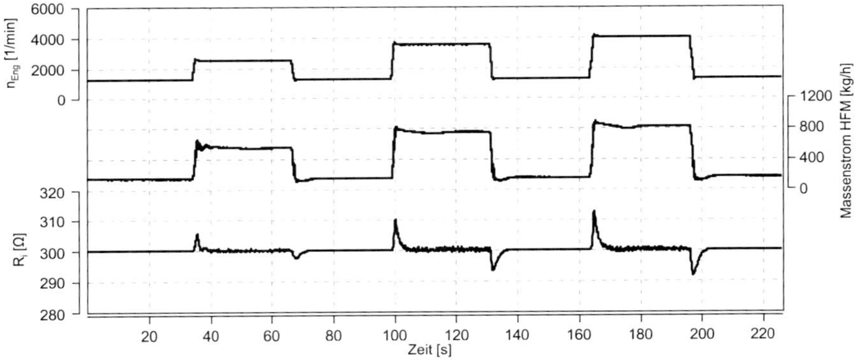

Bild 9.2: Dynamische Temperaturregelung der Lambdasonde im Saugrohr

Adaption

Exemplar-Streuungen und Langzeitdrift erfordern eine regelmäßige Adaption des λ-Sonden-Signals. Während die serienmäßige Sonde im Abgas Schubphasen des Motors für den Abgleich nutzt, kann die Sonde im Saugrohr auch unter Last kalibriert werden, vorausgesetzt, das AGR-Ventil ist geschlossen und es befindet sich kein Abgas im Saugrohr. Unter diesen Bedingungen kann der aktuelle Messwert mit der bekannten Frischluft-Sauerstoffkonzentration verglichen und somit eine Offset-Korrektur realisiert werden. Der ermittelte Offset kann darüber hinaus auch für Monitoring- und Diagnose-Zwecke genutzt werden.